T0293878

Dzogchen Ponlop Rinpoché

El buda rebelde

El camino hacia la libertad

Traducción del inglés de Gabriel Nagore Cázares y Ellen Sue Weiss

editorial airós

Título original: REBEL BUDDHA: A GUIDE TO A REVOLUTION OF MIND by Dzogchen Ponlop

Traducción de la edición en castellano autorizada por
William Clark Associates y Dzogchen Ponlop Rinpoche:
© 2011 by Dzogchen Ponlop Rinpoche

© 2019 by Editorial Kairós, S.A.
    www.editorialkairos.com

Diseño de portada: Katrien Van Steen
Imagen de cubierta: «The Buddha Sakyamuni» by Gonkar Gyatso,
                        reproducido por cortesía del artista y TAG Fine Arts

Traducción: Gabriel Nagore Cázares y Ellen Sue Weiss
Fotocomposición: Florence Carreté
Revisión: Alicia Conde
Impresión y encuadernación: Romanyà-Valls. 08786 Capellades

Primera edición: Octubre 2019
ISBN: 978-84-9988-700-5
Depósito legal: B 14.116-2019

Este libro ha sido impreso con papel certificado FSC, proviene de fuentes
respetuosas con la sociedad y el medio ambiente y cuenta con los
requisitos necesarios para ser considerado un «libro amigo de los bosques».

rebelde
el que cuestiona, se resiste, rehúsa obedecer o se levanta
contra el control injusto o irrazonable
de una autoridad o tradición

buda
la mente despierta

Sumario

Introducción
Nacidos para ser libres

El buda rebelde es una exploración de lo que significa ser libre y de cómo podemos volvernos libres. Aunque podemos votar por el presidente, casarnos por amor y venerar los poderes divinos o mundanos que elijamos, la mayoría de nosotros no nos sentimos realmente libres en nuestra vida cotidiana. Cuando hablamos de libertad, también nos referimos a su opuesto: ataduras, falta de independencia, estar sometidos al control de algo o de alguien externo. A nadie le gusta esa situación, y cuando nos encontramos en ella, de inmediato empezamos a buscar cómo salir. Cualquier restricción a nuestra «vida, libertad y búsqueda de la felicidad» produce fiera resistencia. Cuando nuestra felicidad y libertad están en riesgo, somos capaces de transformarnos en rebeldes.

Hay algo de vena rebelde en todos nosotros. Casi siempre está latente, pero algunas veces se incita a expresarse. Si se nutre y dirige con sabiduría y compasión, puede ser una fuerza positiva que nos libere del miedo y la ignorancia. Sin embargo, si se manifiesta neuróticamente, llena de resentimiento, ira y egoísmo, puede convertirse en una fuerza destructiva que nos dañe tanto a nosotros como a los demás.

Cuando se nos confronta con una amenaza a nuestra libertad o independencia y emerge esa vena rebelde, tenemos la posibilidad de elegir cómo reaccionar y canalizar esa energía. Puede volverse parte de un proceso contemplativo que lleve a la introspección.* Algunas veces esa introspección llega pronto, pero también puede tardar años. De acuerdo con el Buda, nunca se cuestiona nuestra libertad. Nacemos libres. La verdadera naturaleza de la mente es sabiduría y compasión iluminada. Nuestra mente siempre está brillantemente despierta y alerta. A pesar de eso, muchas veces estamos plagados por pensamientos dolorosos y la inquietud emocional que los acompaña. Vivimos en estados de confusión y miedo de los que no vemos escape. Nuestro problema es que no sabemos quiénes somos en realidad en el nivel más profundo. No reconocemos el poder de nuestra naturaleza iluminada. Confiamos en la realidad que vemos ante nuestros ojos y aceptamos su validez hasta que llega algo –una enfermedad, un accidente o una decepción– que nos desilusiona. Entonces podríamos estar listos para cuestionar nuestras creencias y empezar a buscar una verdad más significativa y duradera. Una vez que damos ese paso, entramos en el camino hacia la libertad.

En este camino, nos liberamos de la ilusión, y lo que nos libera de ella es el descubrimiento de la verdad. Para alcanzar ese descubrimiento, necesitamos recurrir a la inteligencia poderosa de nuestra propia mente despierta y dirigirla hacia nuestra meta de exponer, resistir y superar la decepción. Esta es la esencia y misión del «buda rebelde»: liberarnos de las ilusiones que por cuenta propia creamos acerca de nosotros y de aquellas otras ilusiones que se hacen pasar por realidad en nuestras instituciones culturales y religiosas.

Empezamos mirando los dramas de nuestra vida, no con nuestros

---

*   Se está utilizando el término *introspección* para traducir la palabra inglesa *insight* con el sentido de «entendimiento profundo y claro», así como de «mirada interior». También se conoce en español como «discernimiento». (*N. de los T.*)

ojos ordinarios, sino con los del *dharma*. ¿Qué es el drama y qué es el *dharma*? Supongo que se podría decir que *drama* es la ilusión que actúa como verdad y que *dharma* es la verdad en sí, la forma en que las cosas son, el estado básico de la realidad que no cambia día tras día según la moda o según nuestro ánimo o agenda. Para convertir el *dharma* en drama, necesitamos solo los elementos de cualquier buena obra de teatro: emoción, conflicto y acción –una sensación de que algo urgente y significativo les está pasando a los personajes involucrados–. Nuestros dramas personales pueden empezar con los «hechos» acerca de quienes somos y lo que estamos haciendo, pero alimentados por nuestras emociones y conceptos, es posible que se transformen con rapidez en pura imaginación y se tornen tan difíciles de descifrar como las tramas de nuestros sueños. Entonces nuestro sentido de la realidad se aleja más y más de la propia realidad fundamental. Perdemos la noción de quienes realmente somos. No tenemos los medios para distinguir entre los hechos y la ficción ni para desarrollar el conocimiento o la sabiduría sobre nosotros mismos que pueda liberarnos de nuestras ilusiones.

Me tomó un largo tiempo distinguir las diferencias entre drama y *dharma* en mi propia vida. Puesto que pueden verse muy similares, son difíciles de diferenciar, ya sea en la cultura asiática o en la occidental. Viendo retrospectivamente, desde mi vida actual como un habitante citadino, mi niñez en un monasterio, donde recibí el entrenamiento intensivo para cumplir con el papel de Rinpoché para el que nací, me doy cuenta de que en ciertos aspectos estos dos estilos de vida no eran tan diferentes. Tanto en el pasado como ahora, los dramas de la vida se entrelazaban con el *dharma* de la vida. En mi juventud, tuve enormes responsabilidades. Fue mi trabajo, por ejemplo, encargarme de cuestiones sobre la espiritualidad –llevar a cabo funciones ceremoniales y mantener las formas culturales tradicionales–. Sin embargo, no siempre vi el sentido de estas actividades o su conexión con la sabiduría verdadera. Aunque era demasiado joven para entender esos sentimientos, esa leve falta de conexión me empujó a cuestionar qué es real –y, por lo tanto, genuinamente significativo– y qué es ilusión. Fue un dilema para mí, mi drama personal, una primera prueba de la rebeldía que desafió mi sentido de identidad y mi papel como futuro maestro en la tradición donde nací. No obstante, me impulsó también hacia el *dharma*: mi búsqueda personal de la verdad empezó exactamente ahí, con preguntas, no con respuestas.

El rebelde interior

En el verano de 1978, después de haber estado en el sistema de educación monástica durante cerca de ocho años, estaba estudiando la literatura del Vinaya, las enseñanzas budistas sobre la ciencia social, la gobernanza y la conducta ética destinadas fundamentalmente a la comunidad monástica. Aunque disfrutaba el festín de esta sabiduría y me sentía genuinamente inspirado por ella, aun así notaba esa pequeña vena de rebeldía manifestándose de nuevo en mí, la misma sensación de insatisfacción que había sentido antes con los rituales vacíos y los valores institucionalizados de todas las tradiciones religiosas.

Más adelante en mis estudios, me encontré con la noción budista de la vacuidad y me sentí totalmente despistado. Me preguntaba de qué demonios estaba hablando el Buda: esto vacío, eso vacío, mesa vacía, yo vacío. Podía sentir y ver la mesa, y mi viejo y querido sentido del yo aún estaba intacto. No obstante, mientras contemplaba estas enseñanzas, me di cuenta de que nunca había explorado mi mente más allá de mis procesos usuales de pensamiento. No había encontrado nunca ciertas dimensiones más profundas de mi propia mente. Resulta que esta vacuidad fue un descubrimiento revolucionario, repleto de posibilidades para liberarme de mi crónica fe ciega en el realismo, que de repente parecía tan ingenua y simple. Me sentí tan libre por el mero hecho de leer esas enseñanzas y ese sentido de libertad solo aumentó al practicarlas sin reservas.

Qué maravilloso sería, pensé, si solo pudiéramos practicar las enseñanzas del Buda como él realmente las enseñó a partir de su propia experiencia, libres de las nubes de religiosidad que a menudo las rodean. Por sí mismas, son herramientas poderosas para intensificar nuestra capacidad de darnos cuenta* y para desencadenar la introspección.

No obstante, es difícil distinguir las propias herramientas de su empaque cultural. Cuando tus amigos te dan un regalo, ¿el lindo papel que lo envuelve es solo eso o es parte del regalo? ¿La etiqueta del diseñador en tu bolsa de compras es más valiosa que el contenido? ¿Las ceremonias y rituales de observancia religiosa son más importantes que lo que se está observando: la sacralidad inexpresable de la verdad sobre quiénes somos?

No es sencillo desafiar tu condicionamiento cultural, abrirte paso a través de tus limitaciones, y luego ir más allá y penetrar el condicionamiento más sutil de tu propia mente. Pero esa es la naturaleza de la búsqueda de la verdad que te libera de la ilusión. Cuando pienso en esa libertad y encuentro el coraje para abrir brecha a través de

---

*   Se está usando la expresión «capacidad de darnos cuenta» (y sus variantes) como traducción del término inglés *awareness*, en algunos contextos. En otros, se utiliza el término *conciencia*. (*N. de los T.*)

las frías formalidades de mi propia cultura asiática perfeccionista, recuerdo siempre al antiguo príncipe de la India, Siddhartha, cuyo logro sigue representando un perfecto ejemplo de una revolución de la mente: una búsqueda centrada en la verdad que lo llevó a su despertar y liberación totales de toda atadura psicológica. No quería nada del mundo exterior. No se encontraba en algún viaje emocional en pos de la glorificación personal y el poder. Simplemente quería conocer lo que era verdad y lo que era mera ilusión. Su sinceridad y valor siempre me han inspirado, y pueden ser una inspiración para que cualquiera emprenda la búsqueda de la verdad y la iluminación.

Esta búsqueda es de lo que se trata *El buda rebelde*. Todos queremos encontrar alguna verdad significativa acerca de quiénes somos y siempre la estamos buscando. Pero solo podemos encontrarla cuando nos guía nuestra propia sabiduría, nuestro propio buda rebelde interior. Con la práctica, podemos agudizar nuestros ojos y oídos de sabiduría, de modo que reconozcamos la verdad cuando la veamos o la oigamos. Pero esta manera de ver y escuchar es un arte que debemos aprender. Muy a menudo, cuando pensamos que estamos abiertos y receptivos, nada nos entra. Nuestra mente ya está repleta de conclusiones, juicios o de nuestra propia versión de los hechos. Estamos más decididos a obtener un sello de aprobación por lo que pensamos que sabemos que a aprender algo nuevo. Pero cuando abrimos la mente de forma genuina, ¿qué sucede? Hay un sentido de espacio e invitación, un sentido de curiosidad y de conexión real con algo más allá de nuestro yo usual. En esa situación, podemos oír cualquier verdad que se nos presenta en el momento, ya sea que la fuente sea otra persona, un libro o nuestras percepciones del propio mundo. Es como escuchar música. Cuando estás totalmente absorto, tu mente se va a un nivel diferente. Estás escuchando sin juicio o interpretación intelectual porque lo estás haciendo desde el corazón. Así es como necesitas escuchar cuando deseas oír la verdad.

Cuando puedes sentir la verdad en ese nivel, descubres la realidad en su forma desnuda, más allá de cultura, lenguaje, tiempo o lugar. Esa es la verdad que descubrió Siddhartha cuando se convirtió en el Buda o «el que está despierto». Despertarnos a lo que realmente somos más allá de nuestros dramas personales e identidades culturales cambiantes es un proceso que consiste en transformar la ilusión de vuelta a su estado fundamental de realidad. Esa transformación es la revolución de la mente que estamos aquí por explorar. Después de muchas reflexiones acerca de mi propio entrenamiento, es lo que he tratado de presentar en estas páginas a los lectores modernos: una visión de la jornada espiritual budista despojada de lo cultural.

Más allá de la cultura

En mi papel de maestro, mi intención es simplemente compartir la sabiduría del Buda y mis experiencias en los escenarios de estudio y práctica, tanto tradicionales como contemporáneos, de esas enseñanzas. En mis enseñanzas en los años recientes, también he tratado de aclarar frecuentes malentendidos acerca del budismo –en especial la tendencia a hacer que la cultura budista asiática represente al budismo en sí–, señalando la verdadera esencia de las enseñanzas, que es la sabiduría unida a la compasión. Si bien no siempre es fácil de diferenciar, mis diversas experiencias me han llevado a ver la influencia casi cegadora de la cultura en nuestras vidas, y por ello la importancia de ver enteramente más allá de lo cultural. Si vamos a entender lo que somos como individuos y sociedades, necesitamos ver la interdependencia de la cultura, la identidad y el significado.

Puesto que la libertad es la meta del camino budista y la sabiduría es lo que necesitamos para alcanzar esa meta, es importante preguntarnos: «¿Qué es la sabiduría real, el conocimiento que lleva a la libertad y no a la servidumbre? ¿Cómo la reconocemos? ¿Cómo se manifiesta en nuestras vidas y en el mundo? ¿Tiene una identidad cultural? ¿Las normas sociales y religiosas de la vida cotidiana son una expresión de la verdadera sabiduría?». Estas preguntas me inspiraron a dar una serie de conferencias sobre cultura, valores y sabiduría. El presente libro se ha basado en ellas.

Llevar la sabiduría del Buda de una cultura y lenguaje a otra cultura y lenguaje no es una tarea fácil. Tener simplemente una buena intención no parece ser suficiente. Además, la tarea no es solo en una dirección, digamos del Este al Oeste. Es tanto un movimiento a través del tiempo como a través del espacio. Una cosa es visitar un país vecino con diferentes costumbres y valores e ingeniárselas para poder comunicarse con su gente. Encontraremos una manera, ya que, a pesar de nuestras diferencias, compartimos ciertos puntos de referencia y modos de pensamiento solo en virtud de ser contemporáneos, de vivir juntos en el siglo XXI. Pero si nos transportáramos dos o tres mil años hacia el pasado o el futuro, tendríamos que encontrar una forma de conectarnos con la mente de esa época.

De modo similar, necesitamos hallar una forma de conectar estas enseñanzas antiguas sobre la sabiduría con nuestras sensibilidades contemporáneas. Solo despojándolas de los valores culturales y sociales irrelevantes podremos ver el espectro completo de lo que esta sabiduría es en su forma desnuda y lo que tiene que ofrecer a nuestras culturas modernas. Una verdadera fusión de esta sabiduría antigua con la psique del mundo moderno no puede ocurrir mientras sigamos aferrándonos con fuerza a los hábitos y valores puramente culturales del Este o el Oeste.

Como nunca antes, las estrictas distinciones entre Este y Oeste se están disolviendo en un mundo donde la globalización nos está trayendo los mismos problemas y promesas. De Nueva Delhi a Toronto o a San Antonio, nos hablamos por Skype, compartimos nuestras cosas en Facebook, negociamos tratos, vemos los mismos vídeos bobos en YouTube y bebemos nuestro café de Starbucks. También sufrimos los mismos ataques de pánico y depresión, aunque yo podría tomar Valium y otro hierbas chinas.

Al mismo tiempo, cada cultura tiene su propio conjunto único de ojos y oídos mediante los cuales mira e interpreta al mundo. Necesitamos apreciar el impacto de la psicología, historia y lenguaje de cada sociedad mientras esta trabaja para sostener un linaje budista genuino del despertar sobre su suelo local. Una cosa es dar la bienvenida a una interesante tradición espiritual nueva en nuestra cultura y otra mantenerla fresca y viva. Cuando empieza a envejecer, para convertirse en algo común y corriente, podemos volvernos sordos y mudos ante su mensaje y poder. Entonces se vuelve como cualquier otra cosa a la cual mostramos respeto externo, pero poca atención. Cuando perdemos nuestra conexión de corazón con cualquier cosa, ya sea una vieja colección de tiras cómicas, un anillo de bodas o las creencias espirituales que nos acompañarán hasta el momento de nuestra muerte, la tradición espiritual se vuelve solo parte del ruido de fondo de nuestra vida.

Esto explica por qué, a través de las épocas, el budismo ha tenido una historia de revolución y renovación, de ponerse a prueba y desafiarse a sí mismo. Si la tradición no está trayendo el despertar y la libertad a aquellos que la practican, entonces no está siendo fiel a su filosofía o no está cumpliendo con su potencial. No hay un poder inherente para despertar en las formas culturales que se han disociado de la sabiduría y la utilidad que las engendraron. Ellas mismas se convierten en ilusiones y se vuelven parte del drama de la cultura religiosa. Aunque quizá nos hagan felices durante un tiempo, no son capaces de liberarnos del sufrimiento, por lo que en algún momento se vuelven una fuente de decepción y desaliento. A la larga, tal vez estas formas no inspiren más que resistencia a su autoridad.

Más *dharma*, menos drama

Mientras crecía en una institución monástica en el estado de Sikkim en la India, rodeado por refugiados étnicos tibetanos, así como por grupos tribales de las regiones himalayas de la India, Nepal y Bután, experimenté tanto la riqueza como los desafíos de vivir en una cultura diversa y de fes múltiples. Sin embargo, no fue hasta que llegué a Nueva York a los catorce años, y después cuando estudié en la Universidad de Columbia en mis veinte, cuando realmente experimenté un verdadero multiculturalismo global y una diversidad de fes. Pienso que fue ese primer viaje, cuando tuve la buena fortuna de viajar con mi propio maestro, Su Santidad el Decimosexto Karmapa, en una gira por Estados Unidos en 1980, cuando se selló mi destino y me convertí en el ciudadano estadounidense que soy hoy.

Los desafíos culturales que veo en América del Norte no son tan diferentes de los que encuentro en Europa, Asia o las comunidades de las montañas himalayas, donde los valores budistas tradicionales se preservan más cuidadosamente. Debido a su poder para el bien o el mal en nuestras vidas, necesitamos considerar con sinceridad nuestras tradiciones culturales y el papel que les damos en nuestra sociedad. Por un lado, hay formas culturales que retienen la sabiduría de las generaciones previas y funcionan como importantes fuentes de conocimiento para nosotros. Por otro lado, existen otras que no retienen nada de la sabiduría que quizá una vez tuvieron y que carecen por completo de compasión. Desde la noción de las castas intocables en la India hasta la ley feudal del Tíbet del siglo XIX, la quema de brujas en Europa y la esclavitud de los africanos en América, una serie de prácticas dolorosas e injustas y desprovistas de sentido o sabiduría prevaleció durante mucho tiempo sin ser desafiada. Cuando nuestros pensamientos y acciones están dictados por las presiones poderosas de valores sociales, religiosos o culturales irracionales, podemos quedar atascados en un lugar falto de alegría donde no conocemos nada más que sufrimiento y mayor servidumbre. La verdadera sabiduría está libre de los dramas de la cultura o la religión y debería traernos solo un sentido de paz y felicidad.

Sin embargo, muchas veces somos adictos a nuestros dramas y tememos a la verdad. Si quieres ver un drama real, no necesitas encender la televisión: está aquí mismo en tu vida, que se encuentra repleta de emociones, ansiedad y depresión. Y si quieres chismorrear sobre el drama, no necesitas ir a un salón virtual de *chat*. Está ocurriendo aquí mismo en tus pensamientos. Incluso en este día y época, cuando contamos con tantos recursos materiales, comodidades, entretenimientos y distracciones a todas horas, descubrimos que no podemos pasar el día sin sentirnos un poco deprimidos, y no sabemos cómo pasar un buen rato sin sentirnos culpables. Aun cuando tengamos un día casi perfecto, nos encontramos preguntándonos: «¿Realmente merezco esto? ¿Trabajé lo suficiente para ganármelo?». Dondequiera que haya un drama centrado en el ego, hay sufrimiento.

Este continúa sin parar hasta que vemos más allá de este drama, y encontramos el *dharma* de nuestro verdadero ser.

No pasa nada

Cuando estudiaba en la Universidad de Columbia y mis maestros me pedían que me presentara a mis compañeros de clase, me quedaba mudo. No estaba seguro de quién era en realidad. ¿Era tibetano simplemente debido a mis padres o era indio porque había nacido en ese continente? ¿O no era ni indio ni tibetano, y era un apátrida sin ninguna ciudadanía? Habiendo emigrado primero a Canadá y luego a Estados Unidos, ahora cuando vuelvo de visita a la India, todo me parece un poco ajeno. Mis conversaciones con amigos y excolegas son diferentes. No siempre compartimos el mismo sentido del humor o las referencias cotidianas, y nuestros valores parecen estar cambiando. De nuevo, soy un extranjero en mi propio país de nacimiento y un extraño para mis viejos amigos. Aunque no es una sorpresa que me sienta un extraño en una feria municipal en el centro de Estados Unidos, sí resulta sorprendente sentirme como extranjero en el lugar donde crecí. Ahora los únicos lugares donde me siento inadvertido y normal son los trenes subterráneos y las calles de la ciudad de Nueva York; mi primer hogar en América del Norte, el centro de Vancouver; o mi apartamento de sótano en Seattle, donde mi día empieza con una taza de café y termina con el *Colbert Report**en la noche.

---

*   Programa satírico estadounidense, que se burla de los políticos y los propios canales de noticias. Es conducido por el personaje humorístico Stephen Colbert (interpretado por el actor homónimo). (*N. de los T.*)

En realidad, ¿quién soy yo ahora? ¿Y qué me ha pasado? Como el Decimosexto Karmapa dijo una vez: «No pasa nada», así que quizá no me haya pasado nada. El hecho es que soy un integrante de la Generación X, según algunos, y un sujeto fiel a la BlackBerry, pero la verdad es que soy un rebelde sin ninguna cultura, en camino a encontrar el buda que está dentro de mí.

Mi intención al compartir esta jornada de la mente y su cultura, aquí y en las páginas siguientes, es hacer eco del mensaje del Buda de que la verdad acerca de quiénes somos en realidad, más allá de todas las apariencias, es un conocimiento que vale la pena buscar. Conduce a la libertad, y la libertad, a la felicidad. Que todos disfrutemos de la felicidad perfecta y que esa felicidad, a su vez, libere el sufrimiento del mundo.

1. El buda rebelde

Cuando escuchas la palabra *buda*, ¿qué piensas de ella? ¿Es una estatua de oro? ¿Un joven príncipe sentado bajo un frondoso árbol o a lo mejor Keanu Reeves en la película *Pequeño buda*? ¿Monjes con atuendo formal, cabezas rapadas? Puedes tener muchas asociaciones o ninguna en absoluto. La mayoría de nosotros estamos bastante alejados de toda conexión realista con la palabra.

La palabra *buda*, sin embargo, significa de modo simple «despierto» o «despertado». No se refiere a una persona histórica particular o a una filosofía o religión, sino a tu propia mente. Sabes que tienes una, pero ¿cómo es? Está despierta. No solo me refiero a «no dormida»; quiero decir que tu mente está *en verdad* despierta, más allá de tu imaginación. Tu mente es brillantemente clara, abierta, espaciosa y llena de cualidades excelentes: amor incondicional, compasión y la sabiduría que ve las cosas como son en realidad. En otras palabras, tu mente despierta siempre es una buena mente; nunca es torpe o está confusa. Nunca está consternada por las dudas, miedos y emociones que tan a menudo nos torturan. Al contrario, tu verdadera mente es la del gozo, libre de todo sufrimiento. Es lo que realmente eres. Esa es la verdadera naturaleza de tu mente y la de todos. Pero tu mente no solo se queda quieta, perfecta, sin hacer nada. Está jugando todo el tiempo, creando tu mundo.

Si esto es cierto, entonces, ¿por qué no es perfecta tu vida ni la de todos? ¿Por qué no eres feliz siempre? ¿Cómo puedes estar riendo en un minuto y desesperado en el siguiente? ¿Y por qué la gente «despierta» discutiría, pelearía, mentiría, engañaría, robaría e iría a la guerra? La razón es que, a pesar de que el estado despierto es la verdadera naturaleza de la mente, la mayoría de nosotros no la ve. ¿Por qué? Algo se interpone. Algo bloquea nuestra vista hacia ella. Claro que vemos pizcas aquí y ahí. Pero en el momento en que vemos su naturaleza, algo más pasa por la mente –«¿Qué hora es? ¿Es hora de comer? ¡Oh, mira, una mariposa!»– y se desvanece nuestra introspección.*

Irónicamente, lo que bloquea tu vista de la verdadera naturaleza de tu mente –tu mente búdica– es también tu propia mente, la parte de ella que siempre está ocupada, involucrada constantemente en un flujo continuo de pensamientos, emociones y conceptos. Y tú piensas que eres esta mente ocupada. Es más fácil de ver, como la cara de la persona que está parada frente a ti. Por ejemplo, el pensamiento que estás pensando justo ahora te es más obvio que tu conciencia de ese pensamiento. Cuando estás enfadado, prestas más atención a lo que te hace enojar que a la fuente real de donde proviene tu ira. Dicho de otro modo, notas lo que está haciendo tu mente, pero no ves a la mente en sí. Te identificas con el contenido de esta mente ocupada –tus pensamientos, emociones e ideas– y terminas pensando que estas cosas «soy yo» y «yo soy» como ellas son.

Cuando haces eso, es como estar durmiendo, soñando y creyendo que las imágenes de tu sueño son verdaderas. Si, por ejemplo, sueñas que te persigue un extraño amenazador, es escalofriante y real. Sin embargo, tan pronto como te despiertas, tanto el extraño como tus sentimientos de terror simplemente se van, y sientes un gran alivio.

---

*   Ver nota al pie de la página 10 («Introducción»).

Además, si desde un principio hubieras sabido que estabas soñando, no hubieras experimentado ningún miedo.

De manera similar, en nuestra vida cotidiana, somos como soñadores que creemos que es real el sueño por el que pasamos. Pensamos que estamos despiertos, mas no es así, y que esta mente ocupada de pensamientos y emociones es lo que en verdad somos. Pero cuando en verdad despertamos, desaparecen nuestro malentendido sobre quiénes somos y el sufrimiento que trae la confusión.

Un rebelde interior

Si pudiéramos, probablemente todos nos sumergiríamos por completo dentro de este sueño que parece ser nuestra vida de vigilia, pero algo sigue despertándonos de nuestro sueño. Sin importar cuán aturdidos y confundidos nos volvamos, nuestro adormilado yo siempre se vincula al pleno despertar. Ese despertar tiene una cualidad aguda y penetrante. Son nuestra propia inteligencia y nuestra capacidad clara de darnos cuenta las que tienen la habilidad de ver a través de todo lo que bloquea la visión de nuestro verdadero yo: la verdadera naturaleza de nuestra mente. Por un lado, estamos acostumbrados a dormir y los sueños nos satisfacen; por otro, nuestro yo despierto siempre está, digamos, sacudiéndonos y encendiendo las luces. Este yo despierto, la verdadera mente despierta, quiere salir de los confines del sueño, fuera de la realidad ilusoria. Mientras estamos encarcelados en nuestro sueño, ella ve el potencial de libertad. Por ello incita, espolea, punza e instiga hasta que nos inspira a tomar acción. Se podría decir que estamos viviendo con un rebelde dentro de nosotros.

Al pensar en los rebeldes políticos o sociales –históricos o contemporáneos, bien conocidos u olvidados–, gente que luchó por la libertad y la justicia o que está luchando ahora, los consideramos héroes: desde los padres de la Independencia de Estados Unidos hasta Harriet Tubman, Mahatma Gandhi, Martin Luther King, Jr., Aung San Suu Kyi y Nelson Mandela. Hoy en día, nos asombran su valor, compasión y logros extraordinarios. Sin embargo, estos idealistas y reformistas siempre son considerados agitadores por aquellos a los que desafían. No siempre son bienvenidas sus ideas e intenciones, e incluso su compañía. Parece que los rebeldes conllevan una mezcla de bendiciones –buenos para el negocio de las películas, pero en la vida real, inquietan a la gente–. Es difícil hacerlos a un lado. Siempre vuelven con preguntas que nadie más hará. No se conforman con verdades parciales o respuestas inciertas. Rehúsan a seguir convenciones que los controlen o los aprisionen, a ellos o a la gente de su sociedad. Su camino a la victoria pasa por un territorio algo difícil. Pero su carácter rebelde no se desalienta con facilidad. El compromiso con una causa –una gran visión de lo que podría ser– es la sangre vital del rebelde.

En el camino espiritual, este rebelde es la voz de tu mente despierta. Es la inteligencia aguda y clara que se resiste al *statu quo* de tu confusión y sufrimiento. ¿Cómo es este buda rebelde? Un agitador de proporciones heroicas. El buda rebelde es el renegado que te hace cambiar tu lealtad al sueño por una lealtad al estado despierto. Esto significa que tienes el poder para despertar tu ser soñador, el impostor que pretende ser el verdadero tú. Cuentas con los medios para romper todo lo que te ata al sufrimiento y te encierra en la confusión. Eres el campeón de tu propia libertad. Básicamente, la misión del buda rebelde es instigar una revolución de la mente.

Budas ordinarios

Este libro trata sobre el camino a la libertad descrito por el buda histórico, Buda Shakyamuni, hace 2.600 años. Existen muchas historias bellas y elocuentes acerca del nacimiento del Buda, su vida y cómo alcanzó el estado de iluminación. Algunos tratan al Buda como un hombre ordinario que vivió una vida excepcional. Otros lo consideran un tipo de supermán espiritual, un ser divino cuyas acciones mostraron cómo la gente ordinaria podría alcanzar la misma libertad que él encontró.

En realidad, los elementos básicos de la vida temprana del Buda no son tan diferentes de los nuestros, excepto por el hecho de que provenía de una rica familia real, y la mayoría de nosotros, no. En el fondo, sin embargo, lo que observamos cuando miramos la vida temprana de Buda Shakyamuni –cuando se le conocía simplemente como Siddhartha– es la batalla de un hombre joven por la independencia y la libertad contra la autoridad de sus padres y la sociedad. En un nivel, es un cuento clásico del rico niño que escapa de casa:

> Siddhartha, el futuro Buda, fue el único hijo del rey y la reina de los Shakyas, cuyo reino se ubicaba al norte de la India. Vivió una vida protegida y suntuosa, controlada cuidadosamente por sus padres, quienes esperaban que algún día el joven príncipe sucediera a su progenitor en el trono. Tuvo todos los beneficios, privilegios y placeres que es posible imaginar: el palacio fabuloso, ropas de diseñador, sirvientes y grandes fiestas con celebridades y cabilderos. Pero, al final, Siddhartha no estaba contento con una vida solo de posesiones materiales, estatus social y poder político. Anhelaba descubrir el significado y propósito de la vida al encarar lo que nos espera a

todos: enfermedad, vejez y muerte. Se esforzó por un tiempo en satisfacer los deseos de sus padres, pero finalmente decidió que tenía que seguir su propio camino. A la medianoche, abandonó el palacio solo, cambiando su comodidad y protección por lo desconocido, destino que no había aún descubierto.

Si trasladáramos este cuento antiguo a la actual ciudad de Nueva York, tendríamos una moderna historia americana:

> Una rica y prominente pareja esperaba su primer hijo. Conscientes de los peligros y dificultades del mundo moderno, juraron usar su riqueza y contactos personales para hacer la vida de su hijo lo más segura y fácil posible. Incluso antes de que naciera, fue inscrito en la más exclusiva escuela preescolar. El niño recibió un nombre largo e ilustre que hacía eco a la grandeza del linaje de su familia, aunque sus amigos lo llamaron Sid. Creció dentro de un círculo de la élite social y política de Nueva York, gozando de todos los privilegios. Sus padres imaginaban un destino especial para él, e incluso su matrimonio con la hija del senador de…

No nos sorprendería descubrir que Sid, a la larga, decidió unirse a una banda de rock, irse de mochilero a Alaska o hacer autostop en la carretera para ver dónde lo llevaba la vida. Lo mismo es cierto para cualquier persona o corazón joven. Cualquiera que sea nuestra situación, ordinaria o extraordinaria, queremos descubrir nuestro propio camino. Deseamos encontrar el significado último de nuestra vida.

Sabemos por la historia que el príncipe Siddhartha tuvo éxito en su búsqueda, pero no conocemos a ciencia cierta el destino de nuestro amigo de la era moderna, Sid. Le desearemos lo mejor. El punto aquí es que, en el momento de la partida, ninguno de los dos sabe qué futuro le espera. Ambos están tomando un profundo riesgo, abandonando la seguridad y el mundo conocido por un salto a lo desconocido. Pero es tan natural para Sid tomar ese riesgo como lo fue para Siddhartha saltar el muro del palacio. El impulso hacia la libertad es una parte esencial de nuestra constitución; no es exclusivo de seres especiales o de hombres en hábitos religiosos de tiempos antiguos o de tierras remotas. Este deseo de libertad es bastante ordinario. De hecho, «amante de la libertad» es una descripción común del carácter occidental –al menos esto es lo que se oye en las noticias–, pero da un paseo por las calles de cualquier ciudad moderna y encontrarás el mismo espíritu, en especial entre los jóvenes.

Los jóvenes de Estados Unidos contribuyen sin duda a esta naturaleza amante de la libertad. Aparte de la gente indígena, casi la mayoría llegó hace poco de Europa, Asia, América Latina o África. Aunque ahora casi todos nos hemos desprendido en cierta medida de nuestras raíces étnicas, y algunos tal vez las hayan olvidado por completo (y creen simplemente que «Yo soy un americano»), de algún modo, lo mejor y más inigualable de Estados Unidos es exactamente esta ascendencia global, espíritu pionero e independencia de carácter, a lo cual todo mundo parece haber contribuido.

Este crisol es hogar de vanguardistas, inventores, librepensadores y visionarios, así como pragmáticos y puritanos. Artistas y músicos innovadores viajan en tren suburbano junto con banqueros corporativos y obreros. Todos son oficialmente bienvenidos. Las reuniones de las familias sacan chispas, desde las que suceden en tu casa hasta las que ocurren en el escenario nacional y documentan la CNN y el programa de espectáculos *Entertainment Weekly*. Pero cuando las chispas de estos roces de opuestos se encienden en una atmósfera de apertura, se crea una gran diferencia. Entonces, en vez de fricción pura, obtenemos una danza vivaz que genera una energía muy creativa. Poniendo a prueba los límites, yendo más allá de los viejos conceptos, lo que era una vez impensable se vuelve una nueva norma. Por ejemplo, no hace mucho, nadie había soñado con prender un interruptor y tener luz, mucho menos con observar imágenes remotas en la televisión o navegar por el ciberespacio. Incluso hace pocas décadas en los años sesenta del pasado siglo, nos asombramos al ver a un hombre caminando en la Luna desde nuestra sala, que de repente parecía bastante pequeña.

Llegar adonde vamos

Del mismo modo que los científicos se empeñan constantemente en descifrar los secretos del mundo externo para descubrir la naturaleza de la realidad, Siddhartha soñó con revelar los secretos del mundo interior de la mente. Cuando dejó el palacio, abandonó a una joven esposa, un hijo y su vida suntuosa. Estaba determinado a vencer su ignorancia y a encontrarse cara a cara con la realidad. Se adentró en el bosque sin garantía de un techo que lo cubriera, ningún medio de sustento y nadie que le brindara protección.

En esa época, la sociedad india estaba en un punto interesante. La estructura social era muy rígida. Un sistema de castas decidía tu lugar en la sociedad, tu función en la vida, tu ocupación y tu posición espiritual. Todo esto se establecía por la condición de tu nacimiento. Por otro lado, también era época de intensa excitación. Intelectuales y filósofos participaban constantemente en intensos debates que produjeron varias tradiciones espirituales en competencia. Grupos de jóvenes empezaron a juntarse en el bosque, uniéndose a alguno de estos grupos que existían fuera de la sociedad. Siddhartha también se unió, y estudió con dos de los más renombrados eruditos del bosque. Y lo que sucedió fue que rápidamente superó el entendimiento de sus maestros y luego se unió a un grupo de cinco practicantes ascéticos. Más determinado que nunca a alcanzar su meta, abandonó todas las comodidades. Siguió las torturantes prácticas de los ascéticos, incluyendo el hambre, con la intención de trascender el cuerpo físico y agotar los deseos de la mente. Pasados seis años, Siddhartha estuvo cerca de la muerte. En ese punto, abandonó esta creencia de que este camino de privación intensa lo conduciría a la libertad. Se derrumbó a la orilla de un río.

Aunque no lo sabía, Siddhartha se acercó mucho a su meta. Una muchacha que llevaba un tazón de arroz pasó a su lado y le ofreció esta comida. Él la aceptó, rompiendo su ayuno de seis años. Al ver esto, sus cinco hermanos ascéticos pensaron que Siddhartha había renunciado a su disciplina. Furiosos, juraron no hablarle de nuevo nunca y se marcharon. Siddhartha reflexionó sobre esta situación mientras poco a poco recobraba su fuerza; se dio cuenta de que ni su vida de gratificación personal en el palacio ni la de mortificación propia en el bosque eran un camino genuino hacia la libertad. Ambos eran extremos y el apego a cualquier extremo era un obstáculo. La verdadera vía yace en el punto medio de estos dos. Al darse cuenta de ello, estaba listo para el empujón final. Se sentó sobre un cojín de pasto debajo de las ramas protectoras de un árbol y tomó un voto personal para permanecer ahí hasta conocer la verdad acerca de su mente y el mundo.

Siddhartha meditó durante cuarenta y nueve días y, a la edad de treinta y cinco años, alcanzó la libertad que buscaba. Su mente se volvió vasta y abierta. Vio la verdad del sufrimiento de todos los seres y la causa de ese sufrimiento. Vio que la libertad es una realidad al alcance de todos los seres y la forma de lograrla. Se le llegó a conocer como Buda, el Despierto, y enseñó a todo el que se le acercó durante los siguientes cuarenta y cinco años. Otros siguieron sus instrucciones. Alcanzaron su propia libertad: se había iniciado el linaje del despertar.

Sin embargo, eso fue entonces, ahora es el presente. ¿Qué pasa con Sid? ¿Qué sucede con sus sueños? Si sabe adónde quiere ir, lo que necesita es un mapa y hablar con alguien que haya estado en ese lugar. Muchos caminos se ven parecidos, y es fácil confundirse en el recorrido. Algunos cambian de dirección; otros solo desaparecen poco a poco. Sid podría empezar a encaminarse hacía Alaska y terminar en un club de *blues* en Chicago o en los suburbios con una esposa y tres niños. Podría convertirse en novelista, científico o presidente de su país. O podría iniciar un nuevo movimiento, una revolución de la mente e inspirar a una generación. Hay posibilidades infinitas para cada uno de nosotros.

2. Lo que debes saber

En vista de que estamos hablando del camino espiritual budista como una senda hacia la liberación, necesitamos preguntar: «¿Liberación de qué? ¿Y cómo es esta libertad?». En otras palabras, necesitamos encontrar lo que el Buda dijo acerca del punto de partida y el punto final de esta jornada. Entonces podemos analizarlo y ver si resiste el escrutinio, y si es el camino correcto para nosotros.

A veces pensamos que la libertad significa simplemente ser libres de cualquier control externo –podemos hacer lo que queramos, cuando queramos–. O quizá pensemos que significa que no nos controlan fuerzas psicológicas que inhiben la libre expresión de nuestros sentimientos. Sin embargo, estos tipos de libertad son solo parciales. Si no las acompañan la inteligencia y el buen juicio fundamental, podríamos terminar actuando solo de manera impulsiva, dando rienda suelta a nuestras emociones. Sería posible sentirnos libres para gritarle a la gente o estar fuera toda la noche satisfaciendo nuestro apetito de excitación y sensaciones, mas ciertamente no estamos al mando, y no somos libres. Tal vez nos sintamos con energía y liberados de modo temporal por ese tipo de libertad, aunque el sentimiento es pasajero y suele estar seguido de más dolor y más confusión. Quizá también pensemos que la libertad significa tener una elección. Somos libres de elegir lo que queramos hacer con nuestra vida, tiempo y dinero. Es posible que elijamos sabia o tontamente, pero es nuestra elección.

Sin embargo, esta así llamada libertad solo es una fachada cuando tomamos las mismas opciones cada día, hacemos las mismas cosas una y otra vez y reaccionamos de la misma manera. Ya sea que seamos espíritus libres o tradicionalistas, personalidades tipo A o tipo B, nuestras acciones son igualmente predecibles. Cuando miramos bajo la superficie para ver qué está pasando, por qué somos infelices, aparece el mismo guion repetido. Si discutimos con el jefe en el trabajo, es probable que hagamos lo mismo en casa con nuestra pareja o nuestros hijos. Batallamos aquí y allá en nuestra vida con los mismos patrones inconscientes de agresión, deseo, celos o negación, hasta que quedamos atrapados en una telaraña de nuestra propia creación. Estas son precisamente las cosas en las que trabajamos para liberarnos en el camino budista: los patrones habituales que dominan nuestra vida y nos dificultan ver el estado despierto de la mente.

Si te interesa «conocer al Buda» y seguir el camino espiritual que describió, hay algunas cuantas cosas que deberías saber antes de empezar. Primero, el budismo es primordialmente un estudio de la mente y un sistema de entrenamiento de la mente. Es de naturaleza espiritual, no religiosa. Su meta es el conocimiento de uno mismo, no la salvación; la libertad, no el cielo. Se basa en la razón y el análisis, la contemplación y la meditación, para transformar el conocimiento acerca de algo en conocimiento que va más allá del entendimiento. Pero sin tu curiosidad y cuestionamientos, no hay camino, no hay viaje que emprender, incluso si adoptas todas las formas de la tradición.

Cuando Siddhartha abandonó el palacio para buscar la iluminación, no partió porque tenía una gran fe en una religión particular, porque hubiera conocido a un gurú carismático o porque había recibido una llamada de Dios. No se marchó porque estuviera cambiando un sistema de creencias por otro, como un cristiano que se convierte al hinduismo o un republicano que se vuelve demócrata. Su viaje empezó simplemente con el deseo de conocer la verdad acerca del significado y propósito de la vida. Estaba buscando algo sin saber qué era.

¿Qué estamos buscando?

¿Por qué en la actualidad cualquiera de nosotros entra a un camino espiritual? ¿Qué estamos buscando? Si nuestro problema es el sufrimiento o el deseo de «conocer», vivimos con profundos cuestionamientos cada día. ¿Por qué te levantas de la cama cuando la alarma suena a las seis y media de la mañana? ¿Qué pasa por tu mente cuando apagas la luz a media noche? Nuestras preguntas se pierden en el ajetreo de la vida, pero nunca se van en realidad. Si podemos atraparlas y mirarlas en un momento o en otro –cuando nos servimos nuestra primera taza de café o esperamos que cambie la luz roja del semáforo–, podemos empezar a ver más allá de este «trabajo de vida» hacia la propia vida. No tenemos que esperar hasta que la vida se vuelva precaria –hasta que enfrentemos el dolor de la depresión, la decepción, la pérdida o el miedo a la muerte– para hacer preguntas que son de naturaleza «espiritual». Todo lo que necesitamos hacer es dejar que nuestras preguntas regresen. Diles: «Sois importantes para mí ahora».

Para descubrir tus preguntas reales, toma un receso. Deja de mirar hacia delante, adonde vas, o hacia atrás, donde has estado. Cuando te detienes, existe la sensación de no ir a ninguna parte. Hay una sensación de espacio, que es un tremendo alivio. Solo es necesario que respires y seas quien eres. Al mismo tiempo, hay una sensación básica de «¿qué?» Quizá esa sea tu primera pregunta verdadera. Solo quédate con ese «¿qué?» con una mente abierta. Ese «¿qué?» es como una puerta abierta. Algo entrará. Puede ser una respuesta u otra pregunta. No tienes que hacer nada, sino estar ahí para recibir lo que haya de venir.

Al principio, podemos pensar que tener preguntas es un signo de ignorancia. Cuantas más preguntas se presenten, menos sabemos. Cuantas más respuestas surjan, más sabios somos. Sin embargo, saber con claridad lo que no sabes es ya una forma de sabiduría. La ignorancia real es no saber lo que no sabes. Pensar que sabes algo que no sabes puede conducirte a un tipo de sabiduría inventada, cierto conocimiento imaginario incapaz de liberarte de tu confusión.

Mientras nuestras preguntas sean sinceras y honestas, no las que nos harán sentirnos inteligentes o vernos mejor, la mente inquisitiva abre la jornada espiritual. No obstante, debemos aprender a trabajar con nuestras preguntas de manera hábil. Estamos pasando por un proceso que toma tiempo y que necesariamente trae dudas y escepticismo. Si tan solo aceptamos lo que nos lanzan, ¿adónde se ha ido entonces nuestra inteligencia? En realidad, necesitamos dudas y escepticismo inteligentes, los cuales nos protegen de las visiones y la propaganda equivocadas. Una dosis saludable de dudas y escepticismo nos llevará a preguntas precisas y claras. La duda solo se vuelve negativa cuando continúa sin parar, sin encontrar nunca su fin. Si nunca vamos más allá de nuestra incertidumbre para llegar a cierto entendimiento, podemos empezar a sentirnos un poco locos o paranoicos. La duda que nos lleva a un conocimiento y confianza auténticos se convierte al final en sabiduría.

¿Qué hacemos aquí?

En este camino, buscamos conocimiento significativo: queremos saber quiénes somos y por qué nos ocurren cosas. También deseamos entender nuestra relación con el mundo y por qué les suceden cosas a los demás. Incluso si no estamos tan preocupados por nosotros mismos, podríamos preocuparnos mucho cuando algo le pasa a alguien más –un niño inocente maltratado, un amigo en crisis, un pueblo devastado por la naturaleza, una especie aniquilada por la humanidad–. Aparte de tratar de sobrevivir hasta que nuestros hijos nos metan en un asilo, ¿qué estamos haciendo aquí? Puedes reflexionar sobre grandes preguntas similares como inspiración, pero es mejor empezar donde estás. Mantente cerca de tu casa, de tu mente, de tu cuerpo, de tu vida. Si puedes descubrir una pregunta significativa aquí mismo, es probable que esta se aplique también a alguien más, y tal vez al movimiento de los planetas. Nunca se sabe.

Una pregunta espiritual es sobre todo aquella que nosotros mismos nos preguntamos y que procesamos solos. Del mismo modo que las respuestas deben venir de nuestro interior, las preguntas también surgen de ahí. Provienen del mismo lugar. Todas las preguntas se conectan a algo que ya sabemos. Cada pregunta lleva a una respuesta que conducirá a preguntas adicionales, y así sucesivamente. A medida que crezca nuestro entendimiento, nuestras preguntas se volverán más claras y nuestras respuestas más significativas. Así es como progresa el camino espiritual.

En algún punto, tendrás la certeza de que has alcanzado un entendimiento completo de tu pregunta. Lo reconocerás porque no es la respuesta de alguien más, es la tuya propia. Debes seguir cuestionando hasta que alcances ese punto. ¿Cómo puedes saber si has dejado de buscar antes de haber alcanzado ese tipo de certeza? Una señal es cuando buscas a alguien más para responder tus preguntas, lo que interrumpe tu investigación. En ese punto, tu mente inquisitiva ya no está trabajando.

Es cierto que otros pueden ayudarnos, pero no significa que exista alguien que pueda darnos todas las respuestas. Es posible apoyarnos en las enseñanzas del Buda y en los amigos espirituales hasta cierto grado. El conocimiento que viene de fuentes que respetamos puede ayudarnos a clarificar y refinar nuestra comprensión, pero no implica que aceptemos del todo lo que cualquiera diga y renunciemos a nuestra búsqueda, o que el asunto se termine al escuchar a alguien que consideramos una autoridad. Su descubrimiento y entendimiento de la verdad no nos ayuda si no nos conectamos en verdad con ellos. Si su experiencia no concuerda con la nuestra, no es útil para nosotros, sin importar cuán profunda sea una verdad para ellos.

A la larga, arribarás a alguna forma de pregunta final, un sentido de incertidumbre o duda que se queda contigo durante un rato. Cuando llegues a esa pregunta clara, ya habrás recorrido una jornada considerable. Para poder llegar ahí, ya habrás respondido cientos o miles de otras preguntas. Tener una pregunta clara significa que sabes bien qué es lo que no sabes. Ahora tienes una pregunta que puedes hacer a tus maestros o consultar en libros. Por otro lado, si planteas a un maestro una pregunta que no es clara para ti, entonces nada que él pueda decir te ayudará. No existe una respuesta clara a una pregunta planteada a medias. De otro modo, si solo buscas respuestas, cualquier respuesta, encontrarás miles de libros –budistas, cristianos, *new age* y muchos otros– que responden a varios tipos de preguntas. Pero si tu pregunta es vaga, ninguno de los hechos en esos libros puede iluminarte.

La sabiduría que estamos buscando no es nada más una respuesta que obtenemos de una persona religiosa o experta en el tema que nos dice qué pensar. La sabiduría real ocurre cuando encuentras una pregunta verdadera, y cuando esto sucede, no debes apresurarte a responderla. Permanece con ella durante un rato y hazla tu amiga. Vivimos en «tiempos instantáneos» –mensajes instantáneos, imágenes instantáneas, comida rápida–, y hoy en día nuestra mente está acostumbrada a la gratificación inmediata. Sin embargo, si traemos esta expectativa a nuestro camino espiritual, nos decepcionaremos. Algunas de nuestras preguntas no pueden responderse de inmediato. Debemos ser tan pacientes como los científicos cuando realizan sus experimentos y evalúan y verifican diligentemente sus hallazgos.

Un enfoque científico

Con frecuencia mezclamos la espiritualidad y la religión como si fueran una cosa. Pero esto no funciona del todo bien. Puede existir un camino espiritual dentro o fuera de un contexto religioso. La religión y la espiritualidad pueden ser prácticas y experiencias complementarias o independientes. Un camino espiritual es una jornada interna que empieza con preguntas acerca de quiénes somos y de la naturaleza y significado de nuestra existencia. De manera natural es un proceso de introspección y contemplación.

La religión, según se define de manera convencional, se refiere a un conjunto de creencias acerca de la causa y naturaleza del universo, nuestra relación con la creación y el creador, y la fuente de la autoridad espiritual. Podemos aceptar esas creencias al pie de la letra o explorar y examinar nuestra propia experiencia respecto a ellas.

Algunas religiones aceptan tal cuestionamiento, mientras que otras lo disuaden, ya sea de manera abierta o implícita. El punto es que necesitamos ser claros acerca de lo que en realidad estamos haciendo en nuestra vida espiritual o religiosa.

Aunque el budismo puede practicarse «religiosamente», no es en realidad, en muchos aspectos, una religión: es espiritual por su énfasis en el cuestionamiento y el trabajo con la mente. Pero como se fundamenta en el análisis y razonamiento lógicos, así como en la meditación, muchos maestros budistas consideran el budismo como una ciencia de la mente, en vez de una religión. En cada sesión de meditación, recolectamos conocimiento sobre la mente a través de la observación, el cuestionamiento y la prueba. Hacemos esto una y otra vez, hasta que desarrollamos gradualmente un entendimiento significativo de nuestra propia mente. Algunas personas quizá incluso se cansen del budismo porque les da mucho trabajo que hacer (tienen que plantear todas las preguntas y encontrar todas sus propias respuestas).

La alternativa al tomar esta responsabilidad es dejar que la religión haga el trabajo por nosotros. Es posible renunciar un poco a nuestra inteligencia crítica al no plantear demasiadas preguntas, que es lo que hace la mayoría de nosotros. O podemos ir aun más allá, renunciar a todas nuestras preguntas y convertirnos en algún tipo de fundamentalistas religiosos. Entonces nos exoneramos de toda preocupación acerca de qué pensar y por qué.

De cualquier forma que etiquetemos las enseñanzas del Buda –como religión o camino espiritual–, el cuerpo de conocimiento que abarcan las escrituras budistas no pretende ser un sustituto de nuestro propio proceso inquisitorio. Es más como un laboratorio de investigación bien equipado donde puedes encontrar herramientas de todo tipo para investigar tu propia experiencia. De hecho, algunas perspectivas budistas se considerarían antirreligiosas en algunos lados. Primero, es una tradición no teísta. Desde el punto de vista del budismo, no hay una entidad supernatural fuera de nuestra propia mente. No existe un ser o fuerza con el poder para controlar nuestra experiencia o convertirla en un cielo o un infierno. Esa capacidad reside solo en el poder de nuestra mente. Incluso los seres iluminados como el Buda no tienen el poder para controlar las mentes de otros. No pueden crear un mundo mejor o peor para nosotros o deshacer nuestra confusión. La propia mente es la que crea nuestra confusión y solo la propia mente puede transformarla. Así que la entidad más poderosa en el camino espiritual budista es la mente.

Lo que más se acerca a la noción de un dios en el budismo es probablemente el estado de iluminación. Pero incluso la iluminación se considera como un logro humano: el desarrollo de la conciencia hasta su estado más elevado. El Buda enseñó que todo ser humano tiene la capacidad para alcanzar ese nivel de realización, lo cual es la diferencia entre los enfoques de las tradiciones no teísta y teísta. Si digo: «Quiero convertirme en Dios», parecería loco e incluso una blasfemia para un teísta; se consideraría un pensamiento muy ambicioso y egocéntrico. Sin embargo, en la tradición budista, se nos motiva a ser como el Buda: personas despiertas.

El Buda enseñó también otra idea algo desafiante: la noción del vacío. Hablaremos de esto después, pero por el momento solo diremos que se trata de la visión de que no hay un yo real ni un mundo real que exista exactamente en la manera que se nos aparece ahora. El Buda dijo que, cuando no comprendemos el vacío, no observamos lo que en realidad hay aquí: solo vemos la versión burda. Así que, desde el punto de vista budista, no hay ni un salvador ni nadie a quien salvar.

A pesar de lo impactante o radical que esto suene, no hay mucha diferencia con lo que la ciencia dice en la actualidad acerca del mundo subatómico. Gracias a la investigación científica, sabemos ahora que el mundo que percibimos a simple vista es como un tipo de ilusión óptica. Debajo de su superficie sólida, algo totalmente distinto está sucediendo. Si tratas de encontrar las verdaderas partes de la materia, solo hallarás partículas que actúan como ondas, y ondas que actúan como partículas, y el lugar donde cualquiera de ellas se ubica en un momento particular es pura conjetura. En la visión de este conocimiento científico de vanguardia, no solo la materia y la energía son intercambiables, sino que también es posible que existan múltiples dimensiones de algo llamado «espacio-tiempo».

Cuando oyes a un científico decir cosas como las anteriores acerca del universo, suena fascinante y muy espiritual. Pero cuando escuchas del Buda algo similar acerca de ti mismo, la idea de un dios todopoderoso y un cielo literal podría empezar a sonar muy atractiva. Sin embargo, resulta que lo que en un principio nos atemoriza respecto al vacío es una buena noticia. Cuando vemos al vacío más de cerca, observamos que en realidad está lleno. *Vacío* es tan solo una palabra que describe una experiencia; nuestra mente toma después esa palabra y la convierte en un concepto. Si tomamos el concepto como la experiencia real, entonces perdemos la mejor parte. Si, por ejemplo, nunca hubieras experimentado el amor y todo lo que supieras de él fuera la definición del diccionario, sin duda te estarías perdiendo la plenitud de esa experiencia. Ocurre lo mismo con el vacío. De hecho, el vacío y el amor se relacionan. Más adelante también regresaremos a este punto. Por ahora, digamos que, cuando unes los dos, sucede una experiencia que va más allá de cualquiera de ellos. La experiencia de esta unión de amor y vacío es el despertar de tu propio corazón de buda rebelde.

Las cosas como son

Siempre estamos tratando de alcanzar la realidad, la cual solo «es». Ya sea que la amemos o la odiemos, o nos amemos u odiemos unos a otros, no podemos cambiar la forma en que las cosas son en sus niveles más profundos. No es posible que dejemos de ser lo que en realidad somos, del mismo modo que no podemos impedir que una partícula subatómica deje de ser lo que realmente es, incluso si eso contradice nuestros conceptos sobre ella. La composición del mundo físico se reexamina y se reconcibe de manera constante. Cuando traemos esas visiones al mundo que consideramos tan sólido, nos acercamos a lo que el Buda enseñó hace veintiséis siglos respecto a la irrealidad última de todos los fenómenos y la imposibilidad última de encontrarlos.

En el budismo, no estamos intentando ver el mundo físico por sí solo, sino que estamos viendo la mente y su relación con las apariencias del mundo. Observamos la mente para ver lo que es en sí y cómo actúa con respecto a nuestras experiencias internas y externas de todo, desde los pensamientos y las emociones hasta las propias cosas. Para hacer esto, necesitamos un conjunto especial de herramientas que pueda llevarnos más allá de los límites de la mente. El budismo utiliza las herramientas de la meditación y un proceso de razonamiento.

Necesitamos preguntarnos al principio: «¿Estoy dispuesto a soltar mi apego a lo que creo para ver algo nuevo? ¿Estoy abierto a la posibilidad de una realidad inconcebible?». Nuestro problema principal es que esta realidad no encaja con nuestra experiencia ordinaria. Si creemos que nuestros sentidos y nuestra mente conceptual nos dan una imagen verdadera y completa del mundo y de quienes somos en él, solo nos estamos engañando. Necesitamos expandir nuestro entendimiento más allá de nuestras percepciones sensoriales y conceptos, que no son más que diminutas ventanas a través de las cuales vemos solo una realidad parcial. Para ver un nivel más alto de la realidad, necesitamos mirar por una ventana más grande. En el budismo, el análisis intelectual, por un lado, y la apertura a lo que yace más allá del concepto, por el otro, no se consideran contradictorios. Cuando tenemos la capacidad de pensar de manera crítica y al mismo tiempo estar abiertos a experiencias que yacen más allá de lo que conocemos, comenzamos a ver la imagen completa.

Entonces podemos ver que el camino espiritual budista no encaja bien en la categoría o entendimiento general acerca de la religión, excepto quizá en el sentido académico. Puedes practicar el budismo como una religión tradicional, si te parece bien. Hay templos budistas que proporcionan un sentido de comunidad para sus miembros y un programa regular de actividades sociales y prácticas de meditación. Se cultivan los valores de una vida armoniosa y compasiva y hay un sentido de reverencia por el Buda y los grandes maestros que surgieron después de él. Lo anterior también es un aspecto valioso de la tradición y la manera en la que se practica el budismo en muchos lugares alrededor del mundo. Sin embargo, la esencia del budismo trasciende todas estas formas. Es la sabiduría y la compasión pura que existe de manera inconcebible en las mentes de todos los seres. Y el camino espiritual budista es la jornada que tomamos para alcanzar la realización completa de esta verdadera naturaleza de la mente.

Fe ciega

Como gente moderna y racional que vive en la era científica, queremos pensar que, más que en la fe ciega, nuestras creencias se basan en aspectos como la experiencia, el buen juicio y el razonamiento. Aunque la fe ciega se aplica a los niños o a las personas que son más inocentes e ingenuas en el mundo, si examinamos nuestras suposiciones ordinarias, encontramos que muchas de nuestras creencias son sencillamente cuestiones que se nos han dicho, que se dan por sentadas. Creer sin comprender es el significado de la fe ciega. Este tipo de fe ciega se presenta en el conocimiento común que vivimos todos los días.

Asumimos que las cosas son lo que son porque todos dicen eso. A partir del momento en que aprendimos a hablar como niños, descubrimos que todo tiene un nombre, y ese nombre es lo que la cosa es. No lo cuestionamos. Tampoco vemos el poder que esas etiquetas tienen para dar forma a nuestro pensar o limitar nuestro entendimiento. Cuando denominamos «mesa» a una mesa, suceden un par de cosas: sabemos dónde sentarnos para cenar o poner una computadora y, al mismo tiempo, estamos asumiendo –sin jamás pensar en ello– que en realidad existe algo llamado «mesa». De modo que nombrar y etiquetar funciona siempre en múltiples niveles que nos ayudan a vivir juntos en el mundo (un plus incuestionable) y también hacen nuestro mundo más pesado y sólido.

La fe ciega en la realidad mundana no es diferente de la fe ciega religiosa: alguien te dice que el cielo y el infierno existen y, en consecuencia, fijas tus esperanzas en uno y temes el otro. Pero ¿qué significan en realidad cielo e infierno? ¿Dónde están? ¿Qué acto te hará cruzar la línea para terminar en uno o el otro? Si mueres a los dieciocho o a los ochenta, ¿serás joven o viejo por siempre en el cielo? El consejo del Buda es que desafiemos nuestra fe ciega siempre que se manifieste. Con el fin de descubrir lo que en verdad pasa en cualquier nivel de la realidad, tenemos que abordar nuestra experiencia con conciencia discriminatoria. Recuerda, en alguna época se pensaba que el mundo era plano y que el sol giraba alrededor de él.

Irónicamente, en algunos aspectos, la ciencia moderna se ha vuelto nuestra religión colectiva. Tendemos a creer sin pensar mucho en lo que la ciencia nos dice acerca de nuestra realidad física. Por otro lado, cuando nos hablan de la verdadera naturaleza de la mente, no lo creemos con facilidad. ¿Por qué creemos en los agujeros negros, algo que no podemos experimentar fácilmente, pero dudamos de que nuestra mente esté despierta? Mientras que quizá no tengamos la oportunidad de verificar en persona las investigaciones de los científicos, podemos evaluar de primera mano las enseñanzas del Buda sobre la mente. En algún momento, después de un periodo de preguntas, análisis y meditación, podemos decir con certidumbre si esas enseñanzas son verdaderas o no, según nuestra experiencia.

Una de las enseñanzas más importantes del Buda corresponde a una simple afirmación de sentido común que acarrea profundas implicaciones para nuestra vida tanto social como espiritual. En respuesta a una pregunta planteada por unos aldeanos acerca de cómo saber qué creer cuando hay tantos sistemas de creencias y doctrinas contradictorios respaldados por maestros y expertos que pasaban por el pueblo, el Buda una vez aconsejó:

No creas en algo simplemente porque lo has oído.

No creas en algo porque muchos lo dicen y lo rumorean.

No creas en algo solo porque está escrito en tus libros religiosos.

No creas en algo tan solo por la autoridad de tus maestros y ancianos.

No creas en tradiciones porque han sido transmitidas durante muchas generaciones.

Pero luego de la observación y el análisis, cuando encuentres que algo concuerda con la razón y conduce al bien y el beneficio de uno y de los demás, entonces acéptalo y vive a la altura de ello.[1]

Lo que el Buda está diciendo en esta cita es que debemos investigar cualquier presentación de la verdad que afirma ser fidedigna. Debemos cuestionar su razonamiento y lógica con nuestro razonamiento y nuestra lógica propios. Debemos analizarla de arriba abajo, de adentro afuera. Si encontramos que es razonable, útil y benéfica no solo para nosotros mismos sino para otros también, podemos aceptarla. El Buda, de hecho, dice: «[...] entonces acéptalo y *vive a la altura de ello*». La anterior es una enseñanza importante para nosotros, porque es posible –de hecho, es común– escuchar una enseñanza profunda sobre compasión o vacío o leer una prueba científica sobre el calentamiento global y aceptarlo, pero no vivir de acuerdo con sus implicaciones. Estamos muy entusiasmados al principio, pero no hay seguimiento, lo que se debe a que no lo hemos examinado lo suficiente como para saber lo que significa. Mientras nuestro entendimiento sea vago, dudaremos. De modo que si ahí hay alguna sabiduría, nunca nos conmueve de manera significativa.

Por último, lo que dice el Buda es que la solución a nuestras dudas no es adoptar la fe ciega de los «verdaderos creyentes», incluso, o en especial, de los verdaderos creyentes budistas, sino lograr una certeza inquebrantable, la completa confianza en nuestro propio entendimiento, logrado con mucho esfuerzo, sobre la naturaleza de las cosas. Confiamos en este entendimiento porque hemos llegado a él a través de nuestra propia investigación. Desde esta perspectiva, es posible afirmar que la fe genuina es simplemente confianza en nosotros mismos, en nuestra propia inteligencia y entendimiento, que entonces se extiende por el camino que estamos recorriendo. Pero necesitamos encontrar nuestro propio camino, ya que no hay un camino espiritual «unitalla». Y nuestro propio camino lo encontramos a través del examen y el cuestionamiento, y a través de nuestro genuino corazón curioso. Podemos apoyarnos en la sabiduría del Buda como un ejemplo, mas para entender esa sabiduría por cuenta propia, es necesario que dependamos de nuestra propia mente de buda rebelde.

3. Familiarizarte con tu mente

Todas las enseñanzas del Buda tienen un mensaje claro: no hay nada más importante que conocer tu mente. La razón es simple: la fuente de todo nuestro sufrimiento se descubre dentro de esta mente. Si nos sentimos ansiosos, ese estrés y preocupación son producto de nuestra mente. Si nos altera la desesperanza, esa miseria se origina dentro de nuestra mente. Por otro lado, si estamos locamente enamorados y caminando en el aire, ese gozo también surge de nuestra mente. Placer y dolor, simple y extremo, son experiencias de la mente. La mente es la que experimenta cada momento de nuestra vida, todo lo que percibimos, pensamos y sentimos. Por lo tanto, cuanto mejor conozcamos nuestra mente y cómo trabaja, más grande será la posibilidad de liberarnos de los estados mentales que nos oprimen, nos hieren de manera invisible y destruyen nuestra habilidad para ser felices. Conocer nuestra mente no solo nos conduce a una vida feliz, sino que transforma todo rastro de confusión y nos despierta por completo.

Experimentar ese estado despierto es conocer la libertad en su sentido más puro. Este estado de libertad no depende de circunstancias externas. No cambia con los altibajos de la vida. Es el mismo si experimentamos ganancia o pérdida, elogios o culpas, condiciones agradables o desagradables. Al principio solo entrevemos este estado, pero esos atisbos se vuelven cada vez más familiares y estables. Al final, el estado de libertad se vuelve nuestro terreno conocido.

La mente como un extraño

Quizá haya un extraño que ves todos los días en tu vecindario. Es posible que la cara de esta persona o su forma de caminar o vestir te sea familiar porque te has cruzado con ella muchas veces en la calle. Pero nunca has intercambiado más que una inclinación de cabeza o un saludo cortés. Nunca has entablado una conversación porque tienes miedo de acercarte a alguien desconocido. No sabes si esta persona está cuerda o loca, si es alguien amable, amoroso y potencialmente un buen amigo, o una amenaza para la sociedad. Puesto que de cualquier modo estás ocupado y no hay urgencia para averiguarlo, no le prestas atención y continúas tu camino. Sin embargo, al día siguiente te encuentras con esta persona de nuevo y otra vez el día después. A la larga, ocurre cierto tipo de conexión.

De muchas maneras, nuestra mente es como el extraño que vemos en las calles de nuestro vecindario. Podríamos protestar: «Pero ¿cómo es posible, si estoy con mi mente todo el tiempo?». Parece absurdo decir que nuestra mente es un extraño. El problema, para la mayoría de nosotros, es que la relación con nuestra mente no va mucho más allá de saludarla. Quizá la hayamos saludado tantas veces que nos sintamos como viejos amigos, pero ¿conocemos a nuestra mente de verdad? Es más probable que la relación sea lejana –no una amistad íntima– porque no hemos pasado mucho tiempo significativo juntos. Estamos conscientes de su presencia, de sus características generales e incluso de su volubilidad. Pero no conocemos su historia completa; no sabemos realmente qué la mueve. Es posible que hayamos notado que en ocasiones se comporta de forma muy cordial y razonable, y que otras veces comienza a patear y a gritar. Así que permanecemos en guardia; no estamos seguros de si este extraño que es la mente resultará ser una gran compañera o de repente se pondrá en nuestra contra como las figuras sombrías de nuestras pesadillas. Somos curiosos, pero desde una distancia segura.

Entonces, ¿qué es este extraño misterioso llamado «la mente»? ¿La mente es el cerebro o un derivado del cerebro? ¿Es la serie de compuestos químicos y neurotransmisores que iluminan las vías del cerebro y desencadenan la sensación, el pensamiento y el sentimiento, y llevan a la brillantez de la conciencia? Esta es básicamente la visión materialista de la neurociencia, que considera la mente como una función del cerebro. Sin embargo, desde el punto de vista budista, la mente y el cuerpo son entidades separadas. Mientras que el cerebro y sus funciones sin duda dan lugar a ciertos niveles burdos de fenómenos mentales, la mente en su sentido más sutil y último no es material ni está necesariamente ligada a una base física.

Dos aspectos de la mente

Como ya hemos visto, el budismo describe la mente de diferentes maneras. Existe la mente confusa o dormida y la que está iluminada o despierta. Otra manera de describirla es hablar acerca de sus aspectos relativo y último. El relativo se refiere a la mente confusa; el aspecto último es su naturaleza iluminada. La mente relativa es nuestra conciencia ordinaria, nuestra percepción dualista vulgar del mundo. «Yo» estoy separado de «ti», y «esto» está separado de «aquello». Parece haber una división fundamental dentro de todas nuestras experiencias. Damos por sentado que lo bueno existe aparte de lo malo, lo correcto, aparte de lo incorrecto, y así sucesivamente. Esta manera de ver tiende a engendrar malentendidos y conflictos más a menudo que armonía. El aspecto último de la mente es simplemente su verdadera naturaleza, la cual está más allá de cualquier polaridad. Es nuestro ser fundamental, nuestra conciencia básica, abierta y espaciosa. Imagina un claro cielo azul lleno de luz.

La mente cotidiana

La mente relativa es la mente diaria con percepciones, pensamientos y emociones. También podríamos llamarla nuestra mente de momento a momento, porque se mueve y cambia a gran velocidad –ahora está viendo, ahora escuchando, ahora pensando, ahora sintiendo, etcétera–. Realmente, hay tres mentes en una: la mente perceptual, la mente conceptual y la mente emocional. En conjunto, estas tres capas o aspectos de la mente relativa abarcan la totalidad de nuestra actividad mental consciente. Es importante entender cómo trabajan juntas para crear todos los tipos de experiencias que vivimos.

Primero, la mente perceptual se refiere a las percepciones directas mediante la vista, el sonido, el olor, el sabor y el tacto. Como surgen y pasan tan rápido, no solemos prestar mucha atención a estas experiencias; nos las perdemos y saltamos directamente al segundo aspecto de la mente: la mente conceptual o pensante. La excepción podría ser cuando estamos tan cansados que nos sentamos sin un pensamiento en la cabeza y empezamos a percibir los colores de las hojas de los árboles, el canto de los pájaros, las pequeñas ondulaciones en un lago –es decir, tenemos una percepción directa y simple del mundo–. Sin embargo, casi siempre nuestra mente está demasiado ocupada para notar nuestras percepciones. Pasan demasiado rápido.

Por ejemplo, si hay una mesa enfrente de nosotros, para cuando la notamos, lo que estamos viendo es solo nuestro pensamiento: «Oh, es una mesa». Ya no estamos viendo la mesa en sí; estamos viendo la etiqueta *mesa*, que es una abstracción. Una abstracción es tanto una construcción mental –una idea que formamos rápidamente con base en la percepción– como una generalización, que está un paso más alejada de nuestra experiencia directa. Carece de la experiencia de contacto genuino, que ofrece más información, así como un sentido mayor de placer o satisfacción. De manera continua producimos una etiqueta después de otra, sin darnos cuenta de cuánto nos hemos alejado de nuestra propia experiencia, y esto es lo que denominamos mente conceptual. Nuestros conceptos entonces se vuelven disparadores del tercer nivel de la mente: la mente emocional. Reaccionamos frente a estas etiquetas y nos enredamos en nuestros sentimientos habituales: me gusta y no me gusta, celos, ira y demás. Terminamos viviendo en un mundo que está conformado casi por completo de conceptos y emociones.

Mente y emociones
Cuando hablamos acerca de «emociones», por lo general entendemos que nos referimos a estados de sentimiento exaltados. A menudo consideramos nuestras emociones como un arma de doble filo; pueden ser estados desafiantes, pero también nos son preciosos. Las consideramos ennoblecedoras, así como devastadoras. Debido a su poder, las emociones nos pueden llevar más allá del interés personal ordinario para inspirar actos de valor y sacrificio propio o alimentar nuestros deseos a tal grado que nos impulsen a traicionar a aquellos que amamos y debemos proteger. Por ejemplo, en las artes, serían más parecidas a la poesía y la música que a los documentales. Sin embargo, la palabra *emoción* en español no expresa totalmente el

mismo significado que «emoción» en el sentido budista. La diferencia es que, en el contexto budista, la palabra emoción siempre se refiere a un estado de la mente que está agitada, perturbada, afligida, bajo la influencia de la ignorancia y generalmente confusa. La calidad de agitación o perturbación indica que la mente emocional está en un estado mental que carece de claridad; debido a ello, es también un estado que provoca que actuemos sin pensar y muchas veces de manera imprudente. En consecuencia, las emociones se consideran estados de la mente que oscurecen nuestra capacidad de darnos cuenta y que, por lo tanto, interfieren en nuestra capacidad de ver la verdadera naturaleza de la mente. Por otro lado, los sentimientos que incrementan la experiencia de apertura y claridad, como el amor, la compasión y la alegría, no se consideran «emociones» en este sentido, sino factores mentales positivos que son aspectos de la sabiduría o cualidades de la mente despierta. Sin embargo, cualquier sentimiento fuerte –incluso si lo etiquetamos como «amor»– es una emoción ordinaria gobernada por la posesividad, el apego mundano, la gratificación personal o cuestiones relacionadas con el control.

Valores endurecidos

Como las experiencias verdaderamente directas del mundo no suelen estar presentes en nuestra vida ordinaria, nos encontramos viviendo entre conceptos o en un mundo emocional del pasado o el futuro. Y cuando nuestros conceptos se solidifican, cuando se arraigan tan profundamente en el tejido de nuestra mente que parecen ser parte de nuestro ser, entonces se convierten en lo que llamamos «valores». Todas las culturas tienen sus propios valores y principios, pero si los aceptamos ciegamente, sin referencia a su subjetividad personal y cultural, pueden convertirse entonces en una fuente de confusión, de juicios acerca de la legitimidad de otras ideas o incluso del valor de la vida humana. A pesar de eso, los valores no son diferentes de nuestros otros conceptos en cuanto a que provienen de esta mente cotidiana; se producen de la misma manera.

Vamos muy rápidamente de la percepción al concepto y a la emoción, y, a partir de ahí, solo hay un paso más hasta los juicios de valor, conceptos tan solidificados que se han vueltos impermeables a la duda y el cuestionamiento.

La sociedad en general parece estar especialmente enfocada en la idea de valores –valores democráticos, valores religiosos, valores familiares– como una fuerza para el bien y una protección contra el caos y la maldad. Algunas veces juzgamos lo que es «bueno y seguro» y lo que es «malo y peligroso» solo por una cosa, como el color. Tomemos, el blanco y el negro. ¿Es el blanco el color de la pureza y la inocencia o de la muerte? En Asia, el blanco simboliza la muerte y se usa en los funerales, pero en Occidente los doctores y las novias usan el blanco porque es tranquilo, seguro y reconfortante. En Occidente, usamos el negro en los funerales; se asocia con lo que tememos: la muerte. Sin embargo, si queremos vernos audaces, poderosos, rebeldes o misteriosos, usamos también el negro (basta con observar las calles de la ciudad de Nueva York).

Es bueno preguntarnos qué tan a menudo nuestras etiquetas representan en verdad nuestra realidad y con qué frecuencia la malinterpretan. Cuando estoy en un avión, miro alrededor para ver quién viaja conmigo. Algunas veces pienso: «Caray, ese tipo se ve peligroso. ¿Va a hacer explotar mi avión hoy?». Pero cuando veo que el avión está lleno de gente blanca, me siento muy cómodo, muy seguro. Siento que me encuentro entre «gente buena», pues no hay muchos pasajeros a bordo de apariencia amenazante como la mía. Sin embargo, sé que es probable que el tipo de mi lado se sienta incómodo conmigo y piense: «Caray, mira esa persona diabólica. ¿Hará explotar mi avión?».

Todos tenemos nuestros valores. Cada vez más, parece que todo se trata de lo bueno y lo malo, lo correcto y lo incorrecto. Estos conceptos están tan solidificados ahora que pronto se convertirán en una ley. No me sorprendería si se presentara un proyecto de ley acerca de «los buenos y los malos» en el Congreso. Y no solo tenemos etiquetas mundanas para definir lo bueno y lo malo, lo correcto y lo incorrecto para nosotros; encima de eso, contamos con etiquetas religiosas para ayudarnos más o para volver las cosas incluso peores. Todas las religiones parecen estar tratando de atemorizarnos para que hagamos lo correcto o si no…

Atrapados en el mundo conceptual

Cuando no ponemos atención, el mundo conceptual se apodera de todo nuestro ser. Eso es bastante triste. No podemos siquiera disfrutar de un bello día soleado, viendo cómo el viento agita las hojas. Tenemos que etiquetarlo todo, de manera que vivimos en un concepto de sol, un concepto de viento y un concepto de hojas que se mueven. Si pudiéramos dejarlo ahí, no sería malo, pero eso nunca ocurre, porque solemos pensar: «Sí, es bueno estar aquí. Es un sitio bello, pero sería mejor si el sol estuviera brillando desde otro ángulo». Cuando caminamos, en realidad no estamos caminando; un concepto está caminando. Cuando estamos comiendo, no estamos realmente comiendo; un concepto está comiendo. Cuando estamos bebiendo, en verdad no estamos bebiendo; un concepto está bebiendo. Hasta cierto punto, nuestro mundo entero se disuelve en conceptos.

Cuando el mundo externo se reduce a un mundo conceptual, no solo perdemos una parte completa de nuestro ser, sino todas las cosas bellas del mundo natural: bosques, flores, pájaros, lagos. Nada puede traernos ninguna experiencia genuina. Entonces nuestras emociones entran en juego, sobrecargando nuestros pensamientos con su energía; descubrimos que hay cosas «buenas» que traen emociones «buenas» y que hay cosas «malas» que traen emociones «malas». Cuando vivimos la vida de esta manera día tras día, se vuelve muy fastidioso; empezamos a sentir cierto tipo de agotamiento y pesadez. Es posible que pensemos que nuestro agotamiento viene del trabajo o nuestra familia, pero en muchos casos no se trata del trabajo o la familia; es nuestra mente. Lo que nos agota es la forma en que nos relacionamos conceptual y emocionalmente con nuestra vida. Nos arriesgamos a quedarnos tan atrapados en el reino de los conceptos que nada de lo que hacemos se siente fresco, inspirado o natural.

Estos tres aspectos –la mente perceptual, la mente conceptual y la mente emocional– corresponden a la mente relativa, a nuestra conciencia mundana, que solemos experimentar como un flujo continuo. Pero en realidad las percepciones, los pensamientos y las emociones duran solo un instante. Son impermanentes. Vienen y se van tan rápido que no notamos la discontinuidad dentro de este flujo, no advertimos el espacio entre cada evento mental. Es como ver una película de treinta y cinco milímetros. Sabemos que está hecha de muchos cuadros individuales, pero por la velocidad a la que se mueve, nunca notamos el final de un cuadro y el principio del siguiente. Nunca vemos el espacio sin imágenes entre los cuadros, del mismo modo en que nunca observamos el espacio de conciencia entre un pensamiento y otro.

Terminamos viviendo en un mundo fabricado que se conforma de estos tres aspectos de la mente relativa. Capa por capa, hemos construido una realidad sólida que se ha vuelto una carga, nos ha encerrado en un espacio pequeño, un rincón de nuestro ser, y ha guardado bajo llave mucho de lo que realmente somos. Solemos pensar que una prisión es algo hecho de paredes y que los prisioneros son las personas que están encerradas dentro, apartadas del mundo por sus crímenes. Estos reclusos tienen rutinas básicas con las que pasan el día, pero las posibilidades de una experiencia y disfrute plenos de la vida están limitadas de modo considerable.

Nosotros estamos confinados de una manera similar, encerrados dentro de las paredes de la prisión de nuestro mundo conceptual. El Buda enseñó que lo que yace en el fondo de todo esto es la ignorancia: el estado de no saber lo que en realidad somos, de no reconocer nuestro estado natural de libertad y el potencial para la felicidad, la satisfacción y el gozo de la vida.

Nuestro estado natural de libertad

Esta ignorancia es un tipo de ceguera que nos lleva a creer que la película que estamos viendo es real. Como mencioné antes, creer que esta mente ocupada –este flujo de emociones y conceptos– somos verdaderamente nosotros es como estar dormido y soñando sin saber que estamos soñando. Cuando no sabemos que estamos dormidos y en un estado onírico, no tenemos control sobre nuestra vida onírica. El Buda enseñó que la clave para despertarnos y quitar el candado de la puerta de nuestra prisión es conocernos a nosotros mismos, lo cual extingue la ignorancia como una luz que se enciende en un cuarto que ha estado oscuro durante un largo tiempo. La luz ilumina de inmediato el cuarto entero, sin importar cuánto tiempo ha estado oscuro, y podemos ver lo que no hemos visto antes: nuestra propia naturaleza, nuestro estado natural de libertad.

La libertad puede suceder rápidamente. En un momento, estamos atados por algo, la suma total de nuestra vida –nuestros conceptos acerca de quiénes somos, nuestra posición en el mundo, la fuerza y el peso de nuestras relaciones con la gente y los lugares–; estamos atrapados en el tejido de todo eso. Después, en otro momento, eso se ha ido. No hay nada que nos obstruya. Tenemos la libertad de salir por la puerta. De hecho, nuestra prisión se disuelve alrededor de nosotros y no hay nada de lo cual escapar. Lo que ha cambiado es nuestra mente. El yo que estaba capturado, atrapado, se libera en el minuto en que la mente cambia y percibe el espacio en vez de una prisión. Si esta no existe, entonces no puede haber un prisionero. En verdad, nunca hubo una prisión, excepto en nuestra mente, en los conceptos que se volvieron los tabiques y el cemento de nuestra reclusión.

Esto no quiere decir que no haya prisiones reales, cárceles o carceleros, ni fuerzas en el mundo que puedan confinarnos, inhibirnos o restringirnos. No estoy diciendo que todo esto sea solo un pensamiento que puede borrarse. No debemos ignorar ningún aspecto de nuestra realidad. Pero incluso esas prisiones y fuerzas negativas surgieron de los pensamientos de otros; todas son producto de la mente de alguien, de la confusión de alguien. Aun cuando no podemos hacer mucho al respecto de inmediato, sí tenemos el poder para trabajar con nuestra mente ahora, así a la larga desarrollaremos la sabiduría para trabajar con la mente de los demás.

Mente inmutable

Cuando el Buda enseñó acerca de esta naturaleza impermanente y compuesta (o «agrupada») de la mente relativa, lo hizo así para presentar a sus discípulos la naturaleza última de la mente: conciencia pura, no fabricada e invariable. Aquí, el budismo se aparta de manera radical de conceptos teológicos como el pecado original, que consideran a la humanidad como corrupta espiritualmente debido a alguna violación hereditaria de la ley divina. La visión budista afirma que la naturaleza de todos los seres es primordialmente pura y está llena de cualidades positivas. Una vez que despertamos lo suficiente como para ver a través de nuestra confusión, vemos incluso que nuestros pensamientos y emociones problemáticos son, en el fondo, parte de esta conciencia pura.

Ver esto naturalmente nos trae un sentido de relajación, alegría y humor. No necesitamos tomar nada tan seriamente, porque todo lo que experimentamos en el nivel relativo es ilusorio. Desde el punto de vista de lo último, es como un sueño lúcido, el juego vívido de la mente misma. Cuando estamos despiertos en un sueño, no tomamos seriamente nada de lo que sucede en el sueño. Es como ir a las grandes atracciones de Disneylandia. Una de ellas nos llevará al cielo nocturno con las estrellas por todos lados y las luces de una ciudad abajo. Es muy bello y lo disfrutamos, pero no lo tomamos como real. Y cuando vamos a la casa embrujada, los fantasmas, esqueletos y monstruos podrían sorprendernos por un instante o dos, pero también son graciosos, pues sabemos que no son reales.

De la misma manera, cuando descubrimos la verdadera naturaleza de nuestra mente, nos sentimos aliviados de una ansiedad fundamental, de un sentido básico de miedo y preocupación acerca de las apariencias y experiencias de la vida. La verdadera naturaleza de la mente dice: «¿Por qué estresarte? Solo relájate y disfruta». Esa es nuestra elección, a menos que tengamos una tendencia excepcionalmente fuerte a pelear todo el tiempo; en ese caso, incluso Disneylandia se vuelve un lugar horrible. Esa es también nuestra elección. Nuestro mundo moderno está lleno de opciones estos días, así que, sin importar en dónde estemos, lo podemos hacer de un modo u otro.

Mucha gente ha preguntado qué es este tipo de conciencia. ¿Es la experiencia de esta «verdadera naturaleza» como volverse un vegetal, estar en coma o tener alzheimer? No. De hecho, no es así en absoluto. Nuestra mente relativa empieza a funcionar mejor. Cuando tomamos un descanso de nuestro proceso habitual de etiquetar, nuestro mundo se vuelve claro. Tenemos la libertad de ver con claridad, de pensar con claridad y de sentir la calidad viva y despierta de nuestras emociones. La apertura, espaciosidad y frescura de la experiencia hacen que sea un bello lugar donde estar. Imagínate de pie en la cumbre de una montaña con una vista panorámica observando el mundo en todas direcciones sin ninguna obstrucción. Esto es lo que se llama la experiencia de la naturaleza de la mente.

Liberarnos de la ignorancia

Si el conocimiento es la clave de nuestra libertad, entonces, ¿cómo nos movemos de un estado de desconocimiento a uno de conocimiento? La lógica del camino budista es muy simple. Empezamos desde un estado confuso y dominado por la ignorancia; cultivando el conocimiento y la introspección a través del estudio, la contemplación y la meditación, nos liberamos de la ignorancia y llegamos a un estado de sabiduría. Por lo tanto, la esencia de este camino es el cultivo de nuestra inteligencia y el desarrollo de nuestra introspección. Conforme trabajamos con nuestra inteligencia, esta se vuelve más aguda y penetrante y, al final, se torna tan aguda que penetra a través de la gran cantidad de conceptos e ignorancia que nos mantienen atados al sufrimiento. Lo que estamos haciendo es entrenar nuestra mente para que se libere a sí misma; estamos ejercitando y fortaleciendo a nuestro buda rebelde.

La inteligencia no es simplemente cuantitativa, una cuestión de cuánto sabemos. Es activa, funciona. Constituye los brazos y las piernas de la sabiduría a la cual está ligada. Es lo que nos pone en movimiento y nos lleva a nuestra meta. Cuando empezamos a penetrar esas barreras conceptuales, no solo cambiamos nosotros mismos, sino que empezamos a transformar el mundo que nos rodea. No siempre es fácil. Requiere de una gran convicción, ya que estamos desafiando lo que nos es más íntimo (nuestra definición de yo, tanto nuestro yo personal como el yo de los demás). Ya sea que se trate de un yo que sufre o de un yo tirano, es lo que conocemos y siempre hemos atesorado. Pero cuando ves la realidad de tu verdadero yo, lo ves desnudamente, despojado de todos los conceptos. Una cosa es decir «el emperador está desnudo» y otra distinta afirmar eso y ser tú mismo el emperador.

El mito del yo

Imagina que un día miras tu mano y ves que está apretada en un puño. Sientes que estás agarrando algo tan vital que no puedes dejarlo ir. El puño está tan apretado que la mano te duele. El dolor sube por el brazo y la tensión se dispersa por tu cuerpo. Esto sucede durante años. Tomas una aspirina ahora y después un trago, ves la televisión o haces paracaidismo. La vida continúa y luego un día te olvidas y tu mano se abre: no hay nada dentro. Imagina tu sorpresa.

El Buda enseñó que la causa raíz de nuestro sufrimiento –la ignorancia– es lo que hace surgir esta tendencia a «aferrarnos». La pregunta que debes hacerte es: «¿A qué me estoy aferrando?». Debemos observar profundamente este proceso para ver si hay algo ahí. De acuerdo con el Buda, a lo que estamos aferrados es un mito. Es solo un pensamiento que dice «yo», repetido con tanta frecuencia que crea un yo ilusorio, como un holograma que consideramos sólido y real. Con cada pensamiento, cada emoción, este «yo» aparece como pensador y experimentador, aunque en realidad solo es una fabricación de la mente. Es un hábito antiguo, tan arraigado en nosotros que este gran aferramiento se vuelve parte también de nuestra identidad. Si no estuviéramos aferrándonos a este pensamiento de «yo», podríamos sentir que algo familiar nos está haciendo falta, como un amigo cercano o un dolor crónico que desaparece de repente.

Del mismo modo en que se agarra un objeto imaginario, nuestro aferramiento al yo no nos sirve de mucho. Solo nos provoca dolor de cabeza y úlceras, y con rapidez desarrollamos muchos otros tipos de sufrimiento adicionales. Este «yo» se vuelve muy proactivo en la protección de sus propios intereses, debido a que percibe de inmediato al «otro». En el instante que tenemos el pensamiento de «yo» y «otro», se crea todo el drama de «nosotros» y «ellos». Todo ocurre en un parpadeo: nos aferramos al lado del «yo» y decidimos si el «otro» está con nosotros, contra nosotros o es meramente inconsecuente. Por último, establecemos nuestra agenda: hacia un objeto sentimos deseo, y queremos atraerlo; hacia otro, miedo y hostilidad, y queremos repelerlo, o hacia otro más, indiferencia, y simplemente lo ignoramos. De este modo, el nacimiento de nuestras emociones y juicios neuróticos es el resultado de nuestro apego a «yo», «mí» y «mío». Tampoco estamos exentos de nuestros propios juicios. Admiramos algunas de nuestras cualidades y nos creemos mucho, despreciamos otras y nos abatimos, e ignoramos gran parte del dolor que estamos sintiendo realmente debido a esta batalla interna para ser felices como somos.

¿Por qué persistimos en esto si nos sentiríamos mucho mejor y más relajados si solo soltáramos? La verdadera naturaleza de nuestra mente siempre está presente, pero como no la vemos, nos agarramos a lo que sí vemos y tratamos de convertirlo en algo que no es. Estas complicaciones parecen ser la única forma en que pueda sobrevivir el ego, creando un laberinto o una sala de espejos. Nuestra mente neurótica se tuerce y enreda tanto que es difícil seguir la pista de lo que hace. Dedicamos todo este esfuerzo únicamente a convencernos de que hemos encontrado algo sólido dentro de la naturaleza insustancial de nuestra mente: una identidad singular y permanente, algo que podemos llamar «yo». Sin embargo, al hacerlo, estamos trabajando en contra de la manera en la que las cosas realmente son. Estamos intentando congelar nuestra experiencia, para crear algo sólido, tangible y estable a partir de algo que no tiene ese carácter. Es como pedirle al espacio que sea tierra o a la tierra que sea fuego. Pensamos que renunciar a este pensamiento de «yo» sería una locura; pensamos que nuestra vida depende de ello. Sin embargo, en realidad, nuestra libertad depende de dejarlo ir.

4. El buda en el camino

Cuando la primera oleada de maestros budistas empezó a llegar a Estados Unidos al final de la década de los años 1950 y 1960, el país tenía menos de doscientos años de edad. En comparación con las civilizaciones antiguas de Oriente, era como un niño que aún preguntaba: «¿Quién soy? ¿Qué quiero ser cuando sea grande?». Incluso hoy en día, escuchamos preguntas como: ¿Quiénes son los verdaderos estadounidenses? ¿Cuáles son los valores estadounidenses genuinos? Los primeros maestros budistas que llegaron a este «nuevo mundo» no solo trajeron las enseñanzas del Buda, o *dharma*, sino también sus culturas del viejo mundo. Algunos vivieron aquí, adoptaron esta cultura y aprendieron el lenguaje. Otros visitaron Estados Unidos, pero no acogieron ni la cultura ni el lenguaje. Estos maestros dedicaron grandes esfuerzos para establecer las enseñanzas del Buda en Occidente. Aunque inevitablemente hubo algunos conflictos y malos entendidos culturales, ellos mostraron gran confianza en sus estudiantes occidentales, que a cambio confiaron y abrieron sus corazones a estos maestros.

Sin embargo, toda presentación de las enseñanzas budistas tenía un toque cultural, desde el montaje de los altares hasta el código de ética en la sala de meditación. Esto fue necesario en ese momento, hasta cierto grado. Los hippies de la década de los 1960 estaban atravesando una revolución de la mente. No querían nada menos que cambiar la cultura de Occidente y liberar a la sociedad de sus rígidas estructuras y valores sociales. Resultaba muy atractivo disponer de una nueva y exótica espiritualidad bastante alejada de donde nacieron. Incluso se convirtió en un punto de referencia para la transformación de la época.

¿Por qué tenemos que mirar hacia atrás 2.600 años, o incluso cincuenta, si ahora nos encontramos aquí, preocupándonos por nuestras propias vidas? ¿Por qué escribir acerca de todo esto? Existe la necesidad de reflexionar sobre la historia del *dharma* que viene a Occidente y de plantear algunas preguntas: «En conjunto, ¿por qué estamos desarrollando un linaje de budismo americano y un budismo para Occidente y las culturas modernas? ¿Para quién es este *dharma*?». Solo es para ayudar a quienes vivimos aquí y ahora a descubrir la misma verdad que descubrió el Buda hace siglos. Esa verdad no cambia. No está de moda ni fuera de ella con el pasar del tiempo. Sin embargo, sí necesita ser accesible, y desde mi perspectiva, lo que necesitamos para entenderla es otra revolución de la mente.

Una revolución que se percibe alrededor del mundo

La década de los 1960 sobresale en mi mente como un ejemplo de una revolución cultural y espiritual porque ocurrió durante mi vida. A pesar de que nací a medio mundo de distancia cuando comenzó este movimiento, me afectó de modo personal. Podría decir que fue una revolución que se percibió por todo el planeta. Se extendió desde Estados Unidos hasta Europa y diferentes partes de Asia. Desde luego que se percibió en el Asia budista, pues empezaron a aparecer hippies occidentales, académicos, poetas y músicos en los *ashrams*, monasterios y *zendos* del viejo mundo. Algunos llegaron cantando «*Om*» y en busca de conocimiento, una revelación de hecho, acerca de la naturaleza de la mente y el universo. Poco después, escuché mis primeras canciones de *rock and roll* –los Rolling Stones, los Beatles, Bob Dylan y Elton John– en lo que llamábamos *gramófono* en el pequeño pueblo de mi monasterio, en las faldas de las montañas de Sikkim en la India. Mis primeros amigos extranjeros jóvenes fueron estadounidenses y, poco a poco, hice amigos de otros países alrededor del mundo: Europa, Inglaterra y el sureste de Asia.

Para mí, esta nueva generación –los hippies del amor y paz – se convirtió en la cara de los tiempos cambiantes y de la dirección futura del mundo. Esta nueva generación creó una poderosa contracultura que rechazó los valores establecidos y cuestionó la autoridad, y se dedicó al libre pensamiento, los estilos de vida experimentales y a algo nuevo denominado «toma de conciencia». Abandonaron sus culturas dominantes y protestaron contra la guerra, se manifestaron por los derechos civiles, los derechos de las mujeres, los derechos de los homosexuales y por el ambiente amenazado, y escucharon su propia música rebelde como «Get it while you can» (Obtenlo mientras puedas), «All you need is love» (Todo lo que necesitas es amor) y «Sympathy for the devil» (Simpatía por el diablo).

Entre los jóvenes, había un sentido de entusiasmo y esperanza de que el mundo estuviera cambiando. Miraron al exterior y observaron una sociedad materialista y moralista; miraron hacia dentro y advirtieron nuevas dimensiones de experiencia, indicios de una realidad trascendente, un nuevo mundo, la posibilidad de que el cielo estuviera aquí en la tierra ahora, si solo pudieran verlo. Aunque no fue más que un destello, marcó una diferencia. Si bien duró poco, el impacto de esa inspiración fresca y espíritu rebelde se sigue sintiendo.

El deseo de libertad –no solo libertad externa, sino el estado de ser libre– es transformador. Cada paso que damos hacia la libertad ayuda a crear un rastro que otros pueden seguir, ya sea social, político o espiritual. En todo caso, estos tres reinos no están del todo separados. Ni son, como he dicho antes, propiedad exclusiva de ninguna nación o cultura.

A pesar de que la revolución de la década de los 1960 se marchitó, perduraron algunos aspectos de su visión. Se lograron ciertas libertades sociales y civiles, o al menos se abrieron las puertas para alcanzarlas. En mi opinión, el efecto más profundo fue espiritual, el amanecer de una sensibilidad espiritual y un sentido de búsqueda de la verdad reminiscente de los días de Siddhartha, cuando los jóvenes se reunían en el bosque para debatir, aprender y trabajar con todo el corazón en su propio camino hacia la libertad.

El mundo ha cambiado

Ahora, estamos al principio del siglo XXI. Mira a tus vecinos: todos los viejos hippies que conducían vochos (escarabajos) hace mucho que se cortaron el pelo y se afeitaron las barbas. Ahora forman parte del sistema contra el que una vez se rebelaron. La generación del amor y la paz dejó su lugar a la de la ambición (los *yupis* que conducen un auto deportivo). Luego vino la generación preocupada, la Generación X, que heredó más problemas que riqueza. Ahora sus hijos, la Generación Y y más allá, esperan su oportunidad, jugando a videojuegos hasta que les toque dejar su huella. El mundo ha cambiado y sigue cambiando. No más «amor libre» y todas esas cosas que sucedían sin demasiada preocupación durante la revolución hippie. Todo eso quizá haya sido apropiado en aquellos días, pero los tiempos y la cultura se han transformado. La gente ha cambiado:

las necesidades y la psicología de los hombres, las mujeres y las familias son diferentes. Los precios son más altos; las oportunidades de empleo son distintas. Algunos trabajos han desaparecido, y con suerte los nuevos están ocupando su lugar.

Podríamos todavía dejarnos crecer el pelo y la barba y tomar LSD, y también conducir un vocho cubierto de grafitis. Pero ahora todos se burlarían de nosotros y dirían: «¡Mira! ¡Está jugando a ser un hippie!». Nunca nos convertiremos en hippies genuinos solo fingiendo. Ser un hippie no fue únicamente una cuestión de adoptar cierta apariencia o las marcas de cierto estilo de vida. Todo lo que hicieron en ese contexto histórico y cultural tuvo un propósito. Sin embargo, no tendría sentido que adoptáramos esas mismas formas ahora –el pelo, las drogas, el amor libre y la combi–. Estaría fuera de contexto. Sería como una imitación barata, algo que ya no tiene detrás ningún fundamento o filosofía. Estaríamos mejor con la cabeza afeitada, fumando marihuana en casa. Yo creo que mucha gente hace eso de cualquier modo, así que al menos sería más auténtico según los tiempos actuales.

El mundo en el que vivimos en la actualidad es un lugar diferente. Si la enseñanza del Buda va a seguir siendo relevante, no podemos aferrarnos a su presentación según la vieja era hippie. No podemos arrastrarla hasta el siglo xxi sin cambiarla. Cuando el budismo llegó a Estados Unidos, todo era nuevo. No había una tradición meditativa similar aquí que pudiera dar la bienvenida y absorber las enseñanzas budistas. Para acceder a la tradición y aprender sus secretos, los estudiantes siguieron el camino de la inmersión como la ruta más genuina y productiva. Uno era un estudiante zen, un budista tibetano o un alumno de Vipassana que aprendía las enseñanzas a través de las formas y protocolos de esas tradiciones. Las velas y el incienso, los tazones de ofrenda y las estatuas del Buda, el sonido de los gongs y los cantos en lenguajes extranjeros, los cojines de meditación y los elegantes adornos en las paredes se combinaron para crear un efecto tan bello como contemplativo. También fue un poco extraño, incluso como de otro mundo. ¿Qué fue puramente cultural y qué constituyó la verdadera enseñanza? ¿Quién podía distinguirlo en un inicio?

La máscara de la cultura

Ahora debemos considerar lo que nos ayudará a beneficiarnos de este camino hoy en día. Al igual que no tiene sentido aferrarnos a las formas contraculturales de la década de los 1960, tampoco lo tiene apegarnos a una cultura tradicional budista de Asia y pretender que podemos vivir plenamente esa experiencia de una manera significativa. En vista de que solo estamos en las etapas iniciales de desarrollo de una genuina tradición occidental budista, desde luego aún necesitamos apoyarnos en las culturas antiguas que ya tienen mucha experiencia. Es mucho lo que pueden enseñarnos, pero no debemos ser ingenuos al respecto. No debemos confundir sus culturas con la sabiduría en sí, ni considerar ninguna forma particular como sacrosanta.

Las tradiciones budistas antiguas de Oriente dieron origen a formas culturales poderosas y elegantes. En muchos casos, estas son exquisitamente expresivas de la sabiduría que contienen. En estilo y sustancia, están tan integradas a esa sabiduría, tan en sintonía con ella, que las formas mismas pueden transmitir una experiencia de sabiduría a aquellos que hablen su lenguaje. Pero esto no sucede de la noche a la mañana. Tomó tiempo y el discernimiento de incontables generaciones descubrir y luego refinar estas formas, algunas de ellas bastante elaboradas, capaces de abrirnos una puerta. Sin embargo, una vez que la atravesamos, nos topamos con una paradoja: las formas desaparecen. En el otro lado, no hay estatuas de budas, ni tazones de incienso, ni el sonido de gongs o cantos, ni tatamis o brocados, ni cojines para meditar, ni meditadores. ¿Por qué? Estas formas y actividades son simplemente los medios para entrar a la dimensión abierta de nuestra mente. La sabiduría a la que apuntan no tiene una forma tangible propia. No puedes sostener la sabiduría en tus manos, admirar sus brillantes colores y ponerla en un estante con tus demás posesiones preciadas. No puedes estar seguro de su color o forma ni de dónde está realmente. La mente que sabe –nuestra conciencia despierta– no tiene forma.

La cultura, por otro lado, es la expresión tangible de nuestra experiencia humana. Nuestra cultura incluye el arte que hacemos, la ropa que usamos, el lenguaje que hablamos, las instituciones que creamos, las religiones que practicamos, los rituales que llevamos a cabo y los conceptos y creencias mediante los cuales vemos e interpretamos el mundo. La cultura es el tejido que mantiene unida y que identifica a una sociedad. Se pasa de una generación a otra, aunque siempre fluye y cambia cuando interactúa con ideas nuevas y con otras culturas.

Es posible ver la cultura como una manifestación de nuestra experiencia humana compartida. No obstante, también es un aspecto de nuestra experiencia individual, una «cultura de la mente». La cultura de la sociedad quizá nos provea de un amplio sentido de nuestra identidad, pero cada uno de nosotros desarrolla un sentido individual de identidad dentro de nuestra cultura. Tal vez seamos «norteños» o «sureños», pero no somos estereotipos. No somos simplemente como todos los demás, incluso en nuestra familia o comunidad. Quizá nos adaptemos hasta cierto grado, pero siempre logramos expresar nuestra singularidad dentro de esa semejanza. Tenemos nuestra propia personalidad, nuestro propio estilo. Cuando nos miramos al espejo, vemos un reflejo físico distintivo. Pero también observamos a alguien que viste de cierto modo, tiene una jerga distinta, gusta de determinada música, comida y películas, y no disfruta otras. Este reflejo también tiene opiniones, creencias y valores, así como hábitos de pensamiento, sentimientos y conducta que nos hacen únicos.

En conjunto, estos atributos son lo que tomamos como «yo» o «mi personalidad». La palabra *personalidad* proviene del vocablo latino *persona*, que significa «máscara». Esa máscara es lo que los demás ven. En un sentido, hablamos desde detrás de esta cara. Puesto que poseemos esta personalidad, parece natural expresarla. Todo cuanto creamos –desde nuestra máscara hasta nuestra familia, los negocios, los gobiernos, o el arte– contribuye, a su vez, a la creación de la cultura donde vivimos. De modo que no es difícil ver cómo nuestro mundo y sus instituciones y valores surgen de la mente –mi mente y tu mente, nuestra mente y su mente, una mente después de otra y todas ellas en conjunto–. Quienes somos está conformado por nuestra cultura y quienes somos es lo que la cambia también. Cada persona es una parte del tejido social; recibimos su influencia y a su vez ejercemos una influencia sobre él. Debido a esta interdependencia, realmente no podemos decir que nosotros como individuos o que nuestra cultura como un todo existen por separado o de forma independiente. Podemos afirmar que, donde sea que haya mente, existe cultura y, que, donde sea que haya cultura, existe mente.

Conocer al Buda

El Buda dijo hace mucho tiempo que, cuando alguien en el futuro conociera sus enseñanzas, sería lo mismo que conocerlo a él en persona. Por lo tanto, podemos «conocer al Buda» hoy en día en la forma de maestros, enseñanzas o de nuestra propia práctica. Decir que queremos conocer al Buda es lo mismo que afirmar que deseamos conocer el estado despierto de nuestra mente. No tenemos que cambiar quienes somos para conocer al Buda de esta forma. El propósito de nuestro encuentro no es convertirnos en un estudiante de otra cultura o descubrir la sabiduría de alguien más. No estamos practicando la cultura india para convertirnos en indios o practicando la cultura japonesa o tibetana para volvernos japoneses o tibetanos. Nuestro propósito es descubrir quiénes somos realmente, para conectarnos con nuestra propia sabiduría.

La mejor manera de conocer al Buda es invitarlo a nuestra casa. Cuando estudiamos o practicamos sus enseñanzas, el Buda está ahí. Para ver nuestra mente no es necesario que redecoremos nuestro hogar para que parezca un monasterio o una casa en un pueblo de la India. Y no necesitamos una bufanda blanca tradicional y té de la India para dar la bienvenida a un maestro tibetano actual. Cuando nos encontremos con él por primera vez, podríamos recibirlo con una forma de respeto asiática tradicional, como inclinándonos, pero en los encuentros posteriores, bastará con ofrecer un apretón de manos. Podemos servir a nuestro invitado un té tradicional, pero también podemos ofrecerle una bebida diferente: una Coca-Cola o un *latte* de Starbucks. Podemos hablar de meditación, compartir la comida o ver películas juntos. Con el paso del tiempo, ocurre un intercambio y generamos respeto y amistad mutuos. Descubrimos que, aunque haya mucho que aprender de este maestro consumado, también tenemos algo que ofrecer. Disponemos de una riqueza de experiencia y conocimiento acumulados a lo largo de nuestra vida para compartir. No somos meros receptores en esta relación entre culturas, sino que colaboramos en un diálogo que enriquece ambos mundos.

5. Ese es el camino

¿Cómo es la jornada espiritual budista para alguien que decide recorrer este camino? ¿Cuál es la esencia de la experiencia? ¿Qué haces, qué confrontas y cómo te cambia eso?

El camino budista tiene su propia curva de aprendizaje, como la vida misma. Cuando niño, tus padres te cuidan; pero cuando vas por tu cuenta, ingresas a un mundo totalmente nuevo. Es posible que todos los desafíos que enfrentes a la vez –aprender un nuevo empleo y manejar relaciones, tiempo, dinero y tu propia casa– sean abrumadores al principio. No tienes idea de si puedes o no hacerlo o de si será más fácil mañana o el próximo año. No lo sabes porque nunca has pasado por esto; no tienes marco de referencia para algo de tal magnitud. Así que, al principio, el apoyo y estímulo de padres, mentores y amigos te ayudan, aunque sabes que debes hacerlo tú solo. No hay manera de evitarlo.

Del mismo modo, en tu viaje espiritual, empiezas sin saber mucho. Pero a medida que avanzas, te vuelves más instruido, competente y seguro, lo que desata mayor energía e interés en la materia. Aquí la materia en general es la mente y, en particular, tu propia mente. Hay un aspecto de estudio tradicional, trabajar con maestros y demás, pero el aspecto más crucial del camino es la parte práctica, donde trabajas de forma directa con tu propia mente y experiencia.

Cuando empiezas a estudiar tu mente, comienzas a ver cómo trabaja. Descubres el principio de causa y efecto; ves que ciertas acciones producen sufrimiento y otras felicidad. Una vez que haces ese hallazgo, entiendes que trabajando con las causas del sufrimiento puedes superar el sufrimiento mismo. También empiezas a ver, en los contenidos de la mente, una imagen más clara de tu propio perfil psicológico. Esto es, comienzas a advertir los patrones de pensamiento y sentimiento que se repiten una y otra vez. Notas qué tan predecible eres en tus relaciones e interacciones con el mundo. Llegas a advertir, además, cuán efímeros son los contenidos de la mente. En cierto punto, empiezas a entrever el espacio total de la mente, la brillante naturaleza verdadera de la mente que es la fuente de tus pensamientos y emociones fugaces. Esta es tu primera mirada a la verdadera naturaleza de la mente, un hito en tu camino y experiencia de libertad personal.

Tus estudios iniciales son importantes porque te muestran el terreno de tu viaje, como un buen mapa. Un mapa te indicará dónde hay autopistas, senderos, cruces y caminos cerrados. Te mostrará dónde hay montañas, valles, ciudades y espacios vacíos. Puedes ver dónde estás y adónde vas. De este modo, puedes empezar a prepararte para cada parte de tu viaje. Lo que sigue en este libro es una descripción del viaje desde una perspectiva experiencial. Es una orientación para el mapa del Buda.

Sabemos que nuestro destino final es la libertad y que la forma de comprender tanto la libertad como la falta de ella radica en trabajar con nuestra mente. Al principio, hay ciertas lecciones que aprender y realidades que enfrentar. Estos son simplemente momentos de reconocimiento de la condición humana, aunque si los tomamos a pecho, son transformadores. Los más fundamentales entre estos momentos son el reconocimiento de nuestra soledad y nuestro sufrimiento y el darnos cuenta de que el poder de transformar nuestra vida está siempre en nuestras manos. Por consiguiente, el camino empieza con reflexión y desarrollando nuestra motivación; luego prosigue con el aprendizaje de los métodos específicos para trabajar con nuestra mente.

Yo primero: descubrir la libertad personal

La parte más crítica del camino espiritual es el principio. ¿Cómo empezamos? El Buda enseñó que primero necesitamos enfocarnos en nosotros mismos, en alcanzar lo que llamamos «libertad individual». Esto quiere decir que tu libertad personal es lo que está en juego, no la libertad de nadie más, incluyendo a tu mejor amigo, amante o familia. Tampoco tiene que ver con la libertad de tu comunidad, nación o el mundo entero. Se trata de ti, como individuo. Empiezas con quien eres y como eres ahora; es tu yo neurótico, la ilusión del ego, el que está arrancando en el camino hacia la libertad. ¿Qué otro yo existe para despertar y liberar del sufrimiento?

El impulso hacia la libertad y la felicidad personales es natural para todos. Es un deseo básico del corazón humano. «¿Quieres liberarte del sufrimiento? ¿Quieres ser feliz?». Haz estas preguntas a cualquiera y, sin excepción, todo el mundo contestará lo mismo: «Sí, eso es lo que estoy buscando. Por eso trabajo de nueve a cinco. Por eso asisto a clases nocturnas. Por eso tomo un vuelo de madrugada y voy directo a una sala de juntas. Por eso estoy renunciando a este trabajo. Por eso me voy a casar. Por eso me estoy divorciando».

Todo lo que hacemos es, en cierto nivel, una expresión de este deseo de libertad y felicidad. Sin embargo, con frecuencia los métodos que usamos para ser más libres y felices no logran lo que esperamos. Recuerdo los primeros días de internet y las computadoras de alta velocidad. Escuché muchos comentarios de mis amigos occidentales como: «Vaya, esta va a ser una herramienta muy buena. Tendremos más tiempo libre porque las computadoras harán más fácil y eficiente nuestro trabajo». Estoy seguro de que pensaron que tendrían más tiempo para sus familias y para ir de vacaciones a México o al Caribe. Pero con todos estos artefactos y herramientas útiles, nos encontramos aun más ocupados que antes. Tu correo electrónico te persigue cuando estás disfrutando de una agradable cena con tus amigos. Tu BlackBerry suena y no puedes resistirte a mirar tu mensaje nuevo, aun cuando tu amigo esté tratando de decirte algo. Así que, si no puedes siquiera estar libre en la cena, olvida entonces el resto de las libertades que imaginaste que las computadoras te otorgarían.

Lo mismo sucede con todas nuestras posesiones materiales, si nuestro deseo de tenerlas se basa en la esperanza que de algún modo nos liberarán del sufrimiento de nuestra inseguridad básica, preocupaciones, crisis de identidad o nuestro mero aburrimiento. A pesar de que decimos que no es así, aún creemos que la casa nueva, el coche nuevo, el portátil nuevo o la nueva televisión de pantalla plana y alta definición va a darnos un incentivo, va a cambiar nuestra vida de alguna manera. También tenemos al banco persiguiéndonos por el pago de la hipoteca, el seguro del coche con el cual estar al día y los mismos viejos programas en la tele nueva. No estoy seguro de cuánta felicidad realmente obtenemos de estas cosas; parecen incluir una medida de sufrimiento, que pudimos haber aceptado cuando firmamos el recuadro de «Acepto estos términos y condiciones».

Lo que sucede aquí no es que tengamos el deseo equivocado, sino que perseguimos lo que queremos de una forma errónea. Estamos confundidos en cuanto a la parte del «cómo» ser felices y libres. Algunas veces incluso convertimos la libertad que tenemos en una causa de sufrimiento. Si tienes amigos o familiares que te visitan todo el tiempo, sientes que pierdes privacidad. No tienes libertad, y te quejas: «¡Denme un poco de espacio! Necesito espacio, por favor». Podrías simplemente tomar tu portátil e ir a un café donde hubiera internet gratis; sin embargo, lo que te gustaría hacer es conseguir que se fueran todos. Pero, por otro lado, si nadie aparece, ¿qué haces? También te quejas: «Nadie viene a visitarme. Estoy tan solo». Así que estamos atorados en este dilema. Vamos de un lado a otro, queriendo una cosa, luego otra, creándonos más y más conflictos internos porque no hemos encontrado una forma de ser simplemente felices. Sin importar cuánta libertad tengamos, aún hay un sentido de lucha. Parece que siempre peleamos por más libertad o por un tipo diferente de libertad, y en consecuencia el sufrimiento es interminable.

Tu propia experiencia es lo que cuenta

Cuando el Buda enseñó la importancia de la libertad individual, nos estaba dando una simple pero profunda instrucción: antes de hacer algo más, debes conectarte primero de todo corazón con tu deseo de ser libre. Entonces puedes empezar a aprender los métodos más efectivos para satisfacer tu deseo. Esto quiere decir que tu camino individual debe conectarse con tu propia experiencia única de vida. Cada uno de nosotros necesita observar su propia experiencia de sufrimiento para determinar qué la distingue; no sufrimos de la misma manera que otra persona. Lo que me hace sufrir a mí quizá no te haga sufrir a ti. Lo que es en extremo difícil para ti tal vez sea fácil o incluso divertido para mí. Aquello con lo que tú disfrutas, a mí puede resultarme atemorizante o aburrido. Y así va. Cuando alcanzas el punto de estar determinado a liberarte del sufrimiento, tienes la actitud que te hace despegar en el camino de la libertad individual:

«Me salvaré del daño; me protegeré y me salvaré de la angustia y la tristeza». Es aquí donde empiezas.

No debes temer este enfoque individualista. Podrías pensar que concentrarte en ti mismo hasta excluir a otros podría conducirte a problemas mayores de egocentrismo, orgullo y otras cualidades no espirituales. Por lo general, ese podría ser el caso. Pero aquí combinamos ese enfoque con el entrenamiento de nuestra mente de manera que desarrolle disciplina propia y nos lleve a un conocimiento espiritual genuino. Ser individualista no tiene nada de malo; se vuelve problemático solo cuando está mal orientado. Si puedes apuntar este sentido de individualismo en la dirección correcta, se vuelve entonces muy positivo. Lo que te ayudará a encontrar la dirección es interrumpir lo que estás haciendo y solo observar tu verdadera condición en la vida. Cuando lo haces, o te sacas de onda o hallas tu rumbo muy rápido. ¿Y qué es esa condición verdadera? Hay muchos tipos de sufrimiento, pero hay uno que vale la pena contemplar más que los otros: nada perdura. La vida es corta, el reloj nunca deja de hacer tictac y el momento de tu muerte será una sorpresa.

Estás solo

Cultivar nuestro individualismo tiene sentido, ya que es evidente que estamos solos en el mundo. Debemos enfrentar eso y aprender a ser independientes. Desde el momento en que surgimos del vientre de nuestra madre y se cortó el cordón umbilical, hemos estado solos. Cortar el cordón es tan simbólico. De ese momento en adelante, tenemos que empezar a aprender a ser independientes, y el proceso comienza respirando por nuestra cuenta.

Por supuesto que mucha gente nos ayuda a lo largo del camino (padres, cuidadores, familia y amigos). Pero incluso así, cuando creces, lo haces solo. Cuando te mandan a la escuela, vas solo, aun cuando ahí haya cientos de otros niños. Tú mismo tienes que salir adelante cada día. Estás solo cuando estudias y cuando realizas los exámenes. Incluso tus mejores amigos no pueden ayudarte a pasarlos. Al graduarte, te encuentras solo, portando el birrete. Cuando necesitas conseguir un empleo, lo tienes que hacer por tu cuenta, y cuando lo encuentras, nadie sino tú es responsable del trabajo que realizas. Independientemente de cuánta gente tengas en tu vida, en última instancia tú tienes que ayudarte a ti mismo a convertirte en la persona que quieres ser.

Es probable que no seamos conscientes de ello, pero la realidad de nuestra soledad está con nosotros en todo momento y la sentimos de diferentes maneras. Podríamos experimentarla como un sentido de insatisfacción o inquietud o podríamos sentir trasfondos de ansiedad o depresión. Donde sea que estemos o lo que sea que hagamos en un determinado momento, nunca parece ser suficiente: siempre falta algo. Cuando estás sentado en tu casa y miras por la ventana, quieres estar fuera; después de estar fuera cinco minutos, sientes que estarías mejor dentro. Deambulas sin rumbo desde tu escritorio hasta la cocina y luego te preguntas qué haces ahí –no tienes hambre ni sed–. Enciendes la televisión, pero te pasas el rato cambiando canales. Si no tienes pareja, sueñas con la felicidad que tendrías con tu pareja ideal. Pero cuando esa persona duerme a tu lado, aún no estás del todo tranquilo. Rara vez hay una sensación de simple contento. Se trata de un proceso interminable: la búsqueda de «aquello» que pensamos que llenará el espacio vacío que existe dentro de todas nuestras experiencias.

Cualesquiera que puedan ser nuestros deseos, obtener el objeto de nuestro deseo no es lo mismo que la satisfacción, que proviene de nuestro interior. Al final, no encontraremos nunca la satisfacción completa, un perfecto sentido de paz, si nuestra mente no está satisfecha y tranquila. Podrías tener éxito en tu carrera y obtener el salario que quieres. Podrías tener dinero en el banco, una pareja, cinco hijos, una casa y un lindo auto con un cuerno de chivo en la guantera. Podrías tener el sueño americano en el bolsillo y aún sentir que necesitas algo más. En ese caso, la que es pobre es tu mente, no tu vida o tu cuenta bancaria. La satisfacción no significa que seamos pusilánimes, que nos pasemos el tiempo sentados de brazos cruzados, satisfechos con lo que sea. Quiere decir que experimentamos una sensación de plenitud y gozo. Si estamos satisfechos, entonces somos ricos, aunque solo tengamos unos pocos billetes en la cartera. Pero si no estamos satisfechos, sufriremos incluso con un millón de billetes debajo de nuestro colchón.

Del problema a la posibilidad

Cuando estamos atrapados en un estado mental confuso y angustioso, la mejor manera de liberarnos de él es experimentando plenamente ese dolor. Eso es lo que inspirará en nosotros la determinación y el compromiso que necesitamos para ir más allá de nuestros patrones habituales. Solo relacionándonos con nuestro dolor fundamental en una forma genuina y directa desarrollamos un entusiasmo real por el camino de la libertad individual. El sufrimiento es un problema para nosotros solo cuando no podemos ver ninguna posibilidad de liberarnos de él. Cuando estamos dispuestos a trabajar con nuestro dolor, esto se convierte en una experiencia productiva. Es lo que nos motiva a querer liberarnos. De otro modo, ¿cómo podríamos incluso generar la idea de libertad –libertad de qué–? El sufrimiento vuelve nuestra aspiración mucho más poderosa haciéndola real. Actúa como un catalizador; estimula nuestra resolución a trabajar con nuestra mente.

Al mismo tiempo, es importante no perder de vista adónde vamos con toda esta determinación. Debemos mantener nuestra meta de liberación en mente o, si no, nuestros esfuerzos podrían ser de dientes afuera, y en ese caso no funcionarán. Si perdemos de vista el panorama completo, entonces nuestra determinación puede ir y venir, dependiendo de cómo de bien o mal nos sintamos en un determinado día. Cuando estamos cómodos, nuestra resolución no se siente tan urgente. Podemos hacer algo más durante un rato y trabajar con nuestra mente más tarde, cuando nos sintamos peor. A veces pensamos: «Es un bonito día. ¿Por qué no puedo solo tomar un descanso de todo?». Eso está bien, siempre que no termines atascado entre dos mundos, y más desdichado que nunca. Ves tu libertad a la distancia y la vista es agradable, pero es como ver la imagen de un paraíso que nunca visitarás en persona.

Cuando nos encontramos con el sufrimiento de manera personal, en un momento de decepción, ira o celos, no deberíamos decirle: «Lárgate, me estás perturbando y haciéndome sentir mal». Más bien, podemos verlo directamente y decir: «Te he visto antes y aquí estás de nuevo. He evitado este momento, pero ahora es tiempo de enfrentarte directamente y aclarar algunas cuestiones. Sé que has estado ayudándome, así que te doy las gracias, pero ahora quisiera decirte adiós. Me dirijo hacia el camino de la liberación».

El poder del corazón

Se necesita un fuerte sentido de determinación para tener la certeza en nuestro corazón de que no queremos enfrentar nuestro sufrimiento con la misma vieja mente de confusión e ignorancia. No queremos perpetuar los mismos patrones habituales viejos que no logran más que hacernos sentir perdidos y garantizar que nuestro sufrimiento reaparezca, quizá en una forma más intensa. Podemos decirnos: «De aquí en adelante, en verdad quiero ser libre, quiero liberarme de este sufrimiento y dolor». De otro modo, esperar un milagro o alguna forma de intervención celestial sin hacer nuestro propio esfuerzo es como contratar a un mal asesino a sueldo. Seguimos esperando a que haga el trabajo para el que lo contratamos, pero no pasa nada. Al final, nos damos cuenta de que la persona a la que recurrimos para eliminar nuestro problema no va a hacerlo. Nosotros mismos tenemos que dispararle a nuestra ignorancia, a quemarropa.

El punto es que, espiritualmente, somos responsables de nosotros mismos. Ese es el principio básico de este viaje no teísta. No puedes levantar la vista y decir con confianza que hay alguien ahí, en algún lugar por encima de ti, que te salvará, siempre y cuando cumplas con tu parte del acuerdo: presentarte en los tiempos programados y pagar tus cuotas. No hay un convenio registrado al cual recurrir. No puedes continuar con tus negociaciones tipo el padrino y pensar que, al final, te salvarán porque eres parte de la familia. Desde el punto de vista budista, emprendes este viaje por tu cuenta y tú eres la única persona que te puede salvar.

Algunas veces, para desarrollar realmente este sentido de determinación completamente enfocada, se necesita sufrir mucho. Si tienes un ligero dolor de cabeza, por mencionar un caso, es posible que te dé flojera hacer algo al respecto; pero si el dolor es una migraña, seguirás entonces todos los pasos necesarios para deshacerte de él. Cuando tenemos un poco de sufrimiento aquí y allá, podemos distraernos e ignorarlo, pero cuando se trata de un sufrimiento real, empezamos a prestar atención y hacemos algo al respecto. Por ejemplo, cuando las personas luchan contra el abuso de sustancias u otras adicciones, casi siempre tienen que tocar fondo con su adicción antes de finalmente sentirse motivados en verdad para comprometerse con la recuperación.

Al encontrarte en una situación donde sientes que no hay esperanza en absoluto, ese es el punto exacto donde puedes empezar a experimentar un sentido de liberación real. Cuando estás desesperado, has perdido todo y no tienes control sobre lo que te pasa, es entonces cuando las enseñanzas pueden tener mucho impacto. En ese punto, ya no son teóricas. Cuando has tocado fondo en tu vida y estás sufriendo profundamente, ese es el momento de ser fuerte. No te des por vencido; en vez de eso, mírate a ti mismo y di: «Basta ya. No quedaré atrapado de nuevo en este patrón. Hoy es el día en que termina». Entonces y ahí, te conectas con el poder de tu corazón de buda rebelde y la mente de la liberación individual, y estás en tu camino hacia la libertad.

Renunciar a las causas del sufrimiento

Cuando tus propias experiencias dolorosas te inspiran al grado en que estás totalmente determinado a zafarte del sufrimiento, eso es lo que el Buda enseñó como la actitud de «renuncia». Ves tu sufrimiento, sientes tu soledad y estás entristecido por la insatisfacción que se presenta a lo largo de tu vida. Ahora te sientes listo para encarar este obstinado ciclo de infelicidad, descubrir sus verdaderas causas y desarraigarlas.

Podríamos decir –y creer verdaderamente– que ya estamos haciendo todo lo que podemos para evitar el sufrimiento. Pero si miramos más de cerca, quizá veamos que, mientras odiamos nuestro dolor, parece que amamos muchas de las cosas que lo provocan. De manera que hay una ligera desconexión entre nuestras intenciones y nuestro comportamiento. Es como tener repulsión a la cruda pero encontrar que beber es muy atractivo. El problema es que por más que pensamos que queremos liberarnos de nuestro sufrimiento, seguimos repitiendo los patrones de conducta que lo perpetúan. No solo estamos habituados a esas causas, como dejarnos llevar por episodios de ira y celos, sino que incluso disfrutamos la excitación que sentimos cuando caemos en ellas.

Resulta obvio a partir de esto que no sabemos en realidad mucho acerca del mecanismo de causa y efecto en lo que respecta a nuestro sufrimiento. Esto es lo que el Buda quiso señalar cuando dijo: «Todos queremos ser felices, pero constantemente destruimos nuestra propia felicidad como si fuera nuestro enemigo». Así que una buena parte de nuestro camino al principio es investigar el proceso de causa y efecto y ver cómo opera en nuestra vida. Hacer esto cambia la forma en que vemos las cosas. Algo hacia lo que una vez fuimos atraídos y a lo que nos entregamos sin pensar –como cotillear sobre nuestros compañeros de trabajo– repentinamente se ve como un comportamiento terrible una vez que entendemos sus efectos. Nuestro chismorreo lastima a otros en realidad y de manera indirecta, a nosotros mismos. No es un acto inocente. Una vez que establecemos la relación entre causa y resultado, desarrollamos una actitud de repulsión hacia acciones que antes no nos preocupaban. Vemos que con frecuencia nos sentimos tristes, no porque el mundo esté contra nosotros, sino simplemente porque hemos actuado por impulso, sin pensar.

Lidiar con el deseo

El impulso se relaciona con el deseo, que es un nivel de sensación más profundo y sostenido. Es posible experimentar un sentido de deseo que se mueve libremente sin un objeto particular, pero nuestro deseo tiende a formar con rapidez apegos a todas las cosas agradables que vemos, oímos, olemos, saboreamos y sentimos. Una vez que el deseo tiene un objeto, queremos poseer ese objeto. Eso podría significar que solo queremos retenerlo en nuestra mente y apreciarlo durante un rato, como una bella vista desde una montaña. O podría querer decir que enloquecemos un poco y empezamos a obsesionarnos con algo, como un viaje romántico al sur de Francia. Gran parte de lo que hacemos y decimos se basa simplemente en el deseo. Queremos algo y estiramos el brazo para agarrarlo sin pensar en las consecuencias, sin un espacio en el proceso que pudiera permitirnos advertir si es algo que en realidad queremos. Podría ser un romance nuevo, un auto nuevo o la satisfacción de venganza. Se trata de una sensación poderosa, un tipo de hambre que ahuyenta todo pensamiento salvo el de poner algo, lo que sea, en tu boca. La primera probada es tan dulce, y estás feliz durante un momento, pero no sabes si lo que te estás tragando está podrido, es venenoso o si te va a enfermar.

El deseo es tan apremiante como ciego. Tiene el poder de intoxicar, de entusiasmarnos al mismo tiempo que reduce nuestra capacidad de pensar con claridad. Estoy seguro que conoces la sensación. El punto es que necesitamos entender cómo funciona el deseo con los mecanismos de causa y efecto. Cuando la energía del deseo se combina con la fuerza de nuestros patrones habituales, es necesario recordar nuestro otro deseo –de libertad individual– e invocar a nuestra mente de buda rebelde; de otra manera, podríamos acabar perdidos en la jungla o en bancarrota en un país extranjero.

El sufrimiento, sin embargo, no siempre es causado por algo que consideramos negativo. También puede ser el resultado de algo que nos gusta y deseamos, como la riqueza, la fama, el poder o el éxito. Toda fuente ordinaria de felicidad, si nos apegamos a ella en demasía, puede convertirse en una causa de sufrimiento. Solo basta mirar las noticias para ver cómo mucha gente termina sufriendo cada día debido a su apego a la riqueza. Ya sea que seas corredor de bolsa, traficante de drogas o ganador de la lotería, no sabes realmente si al final vas a estar riéndote o llorando. En algunos casos, tu dinero o el deseo de tenerlo podrían llevarte a la cárcel o causarte la muerte.

Podemos tener muchos tipos de felicidad ordinaria en la vida, pero es poco común que la gente esté realmente satisfecha si su felicidad depende sobre todo de cosas materiales o de las opiniones de los demás. El príncipe Siddhartha había tenido gran riqueza y un alto rango social, pero los abandonó para buscar una verdad interna y paz mental. Las cosas que conforman nuestra felicidad ordinaria están bien en sí mismas. De hecho, es bueno tenerlas y disfrutarlas; no hay necesidad de rechazarlas. Pero existe un peligro si nuestro apego a ellas empieza a cegarnos. Ya sea que tus deseos sean de alcance modesto, como obtener un ascenso y tomar un crucero por las islas griegas o, más ambiciosos, como encargarte de la compañía y contratar el *Queen Mary 2* exclusivamente para ti y unos cuantos amigos, necesitas observar tu mente para ver si en realidad estás obteniendo felicidad de esas cosas o te estás tendiendo una trampa para sufrir más.

Necesitamos ser prudentes, tener algún sentido de soltar nuestros deseos y apegos incluso mientras acumulamos lo que queremos. De otro modo, estamos perdiendo por completo el propósito de nuestro viaje; estamos acumulando las cosas que conforman nuestros sueños ordinarios y regalando nuestra libertad. A la larga, tendremos que enfrentarnos a la verdad de nuestra propia impermanencia. Sería un enorme sufrimiento darnos cuenta, justo en el momento de la muerte, que todo el trabajo que habíamos hecho, todos nuestros esfuerzos y logros, se dedicaron a cosas en las que no pudimos encontrar ninguna esencia significativa.

Con tal disposición, a continuación observamos las causas que necesitamos transformar y los métodos específicos para hacerlo. El punto importante aquí es entender que ganamos nuestra libertad, no renunciando al sufrimiento mismo, sino renunciando a sus causas. Una vez que aparece el sufrimiento, ahí está y debemos superarlo. No podemos regresar en el tiempo y cambiar las acciones que lo provocaron, del mismo modo que no podemos desplantar la semilla de la manzana que estamos sosteniendo en nuestra mano.

6. Relacionarnos con la confusión

A veces somos demasiado corteses con nuestro sufrimiento y le permitimos que domine nuestra vida. En cambio, podemos confrontarlo y desafiar su poder para limitar nuestra felicidad. Cuando lo hacemos, estamos iniciando un camino diferente, que apunta hacia una nueva dirección. Puesto que nuestra meta es superar la confusión y despertar por completo, necesitamos empezar relacionándonos con la mente que está confusa y trabajar con esa mente confusa en forma directa. Así que necesitamos pasar por algún tipo de entrenamiento que nos preparará para trabajar efectivamente con nuestra mente. Necesitamos desarrollar ciertas habilidades, necesitamos aprender cómo y cuándo aplicar estas habilidades y necesitamos antes que nada entender el propósito de adquirirlas.

Sin embargo, antes de emprender este entrenamiento es útil ver que la noción completa de «entrenamiento» no es algo extraordinario. Es una pieza natural de nuestra experiencia de vida. El entrenamiento es parte de la maduración: es la forma en que nos desarrollamos como individuos y encontramos nuestro lugar en el mundo. También es esencial ver con exactitud qué estamos entrenando. O podríamos preguntar: «¿Por qué es necesario todo este entrenamiento?». Necesitamos ver que nuestra mente no es solo una mente ocupada, sino que también hay áreas de la mente que están en un estado de oscuridad, o ignorancia, similares a los estados de sueño profundo. Dicha oscuridad no nos deja ver claramente ni hacer las cosas bien. Necesitamos derramar luz sobre estas áreas y hacerlas más conscientes, despertarlas. Una vez despiertas, pueden entrenarse. Por último, practicamos la atención plena: observando la mente y trayéndola de regreso al momento presente una y otra vez. Quizá ese sea el componente más esencial de cualquier entrenamiento. No puedes estar en otro lugar mentalmente mientras tu entrenamiento ocurre aquí.

Entrenamiento básico para la vida

La idea de entrenamiento y superación personal es parte del tejido de la cultura de Occidente. Los estamos haciendo todo el tiempo, de una manera o de otra. Nuestro entrenamiento empieza en nuestra vida familiar y continúa en nuestras vidas escolar y laboral. Aprendemos conocimientos y habilidades básicas, tales como la forma de comportarnos en un contexto social. Una vez que hemos aprendido los principios básicos, estos se convierten en el cimiento para desarrollar nuestro propio camino de vida. Es posible que no concibamos este entrenamiento ordinario por el que pasamos como un «camino» de la misma forma en que consideramos nuestro camino espiritual, pero reconocemos que cualquier meta es precedida por el camino que nos lleva a ella. No llegas hasta donde quieres ir solo marcando un punto en un mapa. No te conviertes en médico diciendo solo: «Quiero ser doctor».

El entrenamiento fundamental en el camino budista implica trabajar con todo nuestro ser: cuerpo, habla y mente. Nada se deja afuera. Nuestro entrenamiento en la vida cubre el mismo territorio. Para entrenar nuestro cuerpo, quizá vayamos al gimnasio, tomemos clases de danza, aprendamos yoga y sigamos una dieta saludable.

Si queremos correr un maratón, bailar en un ballet o nadar en los Juegos Olímpicos, podemos seguir un entrenamiento físico mayor.

El entrenamiento en el habla se inicia con las habilidades básicas del lenguaje, que entonces se vuelven nuestros medios propios de expresión y comunicación. Nuestra habla afecta todo lo que hacemos. Es la forma en que establecemos relaciones, transmitimos información y expresamos nuestros sentimientos. Necesitamos saber cómo usarla para decir todo, desde «hola» hasta «adiós» –y especialmente las cosas más importantes, como «te amo» y «lo siento»–. Existe toda una industria en Occidente dedicada a mejorar las habilidades de comunicación: una pregunta común en una solicitud de trabajo pide que evalúes las tuyas. Si tienes dudas sobre ellas, puedes preguntarle a tu pareja, quien sin duda se alegrará de tener la oportunidad de opinar al respecto.

Entrenar la mente implica tanto acumular conocimiento acerca de nuestro mundo como aprender a pensar de forma clara y crítica. Estas son metas universales de nuestro sistema educativo. Una vez que nos armamos con conocimiento y razón, podemos ver los problemas y resolverlos. Podemos reconocer las oportunidades y aprovecharlas. Disponemos de los medios para entender nuestro mundo y encontrar un lugar significativo en él.

¿Qué sucede cuando no tenemos este entrenamiento? Estamos en desventaja en todos los aspectos de nuestra vida. Cuando contamos con él, el cuerpo, el habla y la mente se convierten en herramientas más útiles que funcionan mejor para ayudarnos a lograr nuestras metas: trabajan en pro de nuestra felicidad y no contra ella.

El camino budista es una experiencia similar de «aprendizaje de toda la vida». El currículum, sin embargo, se ajusta un poco para lograr su objetivo: despertarnos, animar la mente que está dormida.

Así que nuestra educación consiste en aprender cómo hacer esto. Primordialmente, es una cuestión de entrenar nuestra mente, nuestra inteligencia natural despierta, para perturbar la paz, como quien dice, para que nos sea difícil permanecer cómodamente dormidos. El buda rebelde hace esto resplandeciendo la luz despierta del conocimiento doquiera que la oscuridad del desconcierto, la ignorancia o la ilusión pasen el rato o se escondan en nuestra mente. Así es como nos entrenamos para alcanzar nuestra meta de libertad individual. Esto requiere trabajo y entendimiento. No te vuelves buda –despierto– solo chasqueando los dedos o golpeando el suelo con los talones.*

Antes de empezar el entrenamiento, necesitamos preguntarnos: «¿Qué estoy tratando de lograr, desarrollar o mejorar exactamente? ¿Cuál es el propósito de estos entrenamientos?». A veces en el camino espiritual no nos molestamos en plantearnos semejantes preguntas. Nos conformamos con ir más o menos en el rumbo hacia ser buenos. Pero necesitamos tener un entendimiento más claro y más concreto de nuestros objetivos y de cómo alcanzarlos. En otras palabras, necesitamos comprender y aprovechar el principio de causa y efecto en nuestro camino espiritual. Necesitamos aplicar esa lógica.

La mente que estás entrenando

Un objetivo de nuestro entrenamiento es aprender cómo ver la imagen completa de la mente para comprender sus problemas y ver

---

*   Esta expresión hace referencia a la película *El mago de Oz*. Al final, la bruja buena le dice a Dorothy, la protagonista, que para volver a casa solo necesita golpear el suelo con los talones y decir «No hay ningún sitio como mi hogar». (*N. de los T.*)

qué necesita. El Buda enseñó que hay ciertos estados de la mente que subyacen a nuestra actividad consciente normal que están encerrados en la oscuridad, similares a un estado de sueño profundo. Puedes despertar a alguien de sueño ligero con un toque o un sonido suave, pero alguien que duerma profundamente no responderá con tanta facilidad. Aquí, estamos trabajando con estados mentales profundos que están embotados y no pueden responder; necesitan oxígeno y luz para revivir y estimularse. Cuando llegamos a conocer la mente mejor, podemos ver más allá de su superficie hasta este estado básico de desconcierto y confusión.

La mente en la oscuridad

Este estado mental de oscuridad es un obstáculo fundamental para nosotros. En este estado de desconcierto ignorante, no hay sentido de apertura ni de conocimiento o entendimiento genuinos. Cuando esta mente es dominante, ni siquiera sabemos que no sabemos. No nos damos cuenta que estamos en la oscuridad; además, no nos interesa saberlo. Ese es el problema principal. No solo estamos engañados, sino que tampoco somos inquisitivos. No hay sentido de búsqueda, ni interés por el conocimiento. En este estado de oscuridad total, comenzamos a culpar a los demás: «¿Cómo se supone que debía saber que el límite de velocidad era de cuarenta kilómetros por hora? ¡No hay señales!»; o «No sabía que debía asistir a la reunión. ¡Nadie me había dicho nada!». Eso muestra una falta de curiosidad. Con un poco de más inquietud y menos flojera, no sería tan difícil averiguar estas cosas.

Otro aspecto de este sentido general de desconcierto es una falta de conciencia sobre uno mismo. Tendemos a no estar conscientes de nosotros y de nuestras acciones. Mientras solemos pensar que somos muy conscientes en las situaciones cotidianas, muchas veces no tenemos la menor idea acerca de lo que decimos o hacemos hasta que es demasiado tarde. Entonces pensamos: «Oh, mie#&%, no tenía que haberle dicho eso a mi pareja. Ahora tendré que soportar sus quejas durante días». Y posiblemente tengas que oírlas durante años. La cuestión es que lo que dices y haces puede tener un gran impacto en el mundo más allá de lo que pretendes o imaginas. Ese impacto no tiene que ver solo con lo que a ti te sucede, sino también con lo que les ocurre a los demás, quienquiera que sea que involucres en tus metidas de pata.

Estos dos estados mentales –desconcierto e ignorancia– suelen estar más allá de nuestra percepción consciente. No obstante, es necesario transformarlos y para ello primero necesitas reconocer las experiencias de tenerlos. Luego el buda rebelde puede empezar a trabajar con ellos y despertarlos.

La mente en el candelero

Otro aspecto de la mente que necesitamos observar más de cerca es nuestra mente emocional. Si bien las emociones se ven con mayor facilidad, no las conocemos tan bien como pensamos. Es posible que veamos el sufrimiento inmediato que traen, pero casi nunca vemos la forma en que usamos nuestras emociones como base para fortalecer nuestro apego al yo o nuestra vanidad, que es una causa más profunda de sufrimiento. Logramos esto identificándonos con nuestros estados emocionales y luego enorgulleciéndonos de ser cierto tipo de persona: «Soy una persona con mal carácter», «Soy una persona celosa» o «Soy una persona lujuriosa». Sea lo que sea, esa situación nos hace especiales. Adquirimos cierto tipo de prestigio, al menos en nuestra propia mente, debido a nuestro temperamento. No somos solo un don nadie, y contamos con nuestra ira o nuestra pasión para demostrarlo. De este modo, nuestras emociones se convierten nada más en otra forma de engaño.

La experiencia real de las emociones es una historia diferente. Vienen y se van de manera natural. Cuando llegan, están llenas de color y energía, y cuando se van, no queda nada. Lo que debemos recordar es que, cuando surge una emoción, es solo un pensamiento simple al principio, nada más. Pero después la llevamos más allá. Les rendimos honores, las tenemos en alta estima. Repentinamente se vuelven muy importantes las superestrellas y los peces gordos de nuestra mente pensante. En comparación, todos los demás pensamientos parecen un parloteo aburrido.

En ocasiones adoptamos una emoción de manera tan intensa que dispara reacciones físicas. Un repentino ataque de ira puede impactarnos como un disparo de adrenalina y acelerar nuestro corazón. Un ataque de celos nos puede mantener en vela toda la noche, haciendo girar nuestras tramas y justificaciones. Pero incluso en el día a día podemos llevar angustia emocional en nuestro cuerpo en la forma de diversos tipos de dolor: desde dolor de cabeza al dolor de espalda o las náuseas. Podríamos sentirnos cansados todo el tiempo y, aun así, no poder dormir o estar tan acelerados que no podemos tranquilizarnos. Cuanto más tiempo estemos fuertemente aferrados a nuestras emociones, más profundo y penetrante se volverá su impacto en nosotros. Pero incluso cuando culpamos a nuestras emociones por la angustia que nos traen, les pagamos tributo. Ya sea que nos acerquen al cielo o al infierno, admiramos su poder sin igual para conmovernos.

Un principio básico de mercado es que todo lo que necesitas hacer para vender algo es subrayar la importancia de tu producto. A la larga, todo el mundo querrá tu artefacto, lo necesite o no. De la misma manera, continuamente nos estamos convenciendo a nosotros mismos de la importancia de nuestras emociones, convirtiéndonos en el vendedor tanto como el comprador, el portavoz y el público crédulo. ¿Quién se beneficia con este acuerdo? ¿Quién paga y durante cuánto tiempo? La alternativa es darnos cuenta de que nuestras emociones son parte de nuestro proceso de pensamiento en general y que el proceso de pensamiento es momentáneo. Cuando puedes decir: «Oh, estoy teniendo un pensamiento de ira o un pensamiento de celos», eso significa que te das cuenta de tu experiencia y de su naturaleza fugaz. Te encuentras en camino de transformarla.

Mente desesperanzada

A veces nos damos por vencidos con respecto a nosotros mismos. Al igual que caemos en estados de ignorancia y engaño, también caemos en estados mentales que torpedean la confianza en nosotros mismos. Empezamos a menospreciarnos. Carecemos de estima y de respeto hacia nosotros mismos. No confiamos en nuestra capacidad para recorrer el camino y encarar sus desafíos. Podríamos pensar que tenemos una impresión favorable de nosotros mismos, pero el problema es que no es muy profunda. Debajo de la superficie de nuestro optimismo hay un sentimiento de desesperanza. Justo cuando necesitamos valor y convicción para dar otro paso rumbo a la libertad, nuestra confianza desaparece.

También podríamos pensar que mientras las enseñanzas del Buda pueden ayudar a otros, nunca podrán ayudarnos a nosotros. En ese estado de la mente, abandonamos nuestra determinación. Si caemos en esta mentalidad, necesitamos reconectarnos con nuestra inspiración original y nuestro corazón resuelto. Es necesario decirnos: «Sí, puedo hacerlo. Puedo guiarme a través de esto. También cuento con el potencial para lograr mi meta». Desde luego, podemos seguir confiando en la sabiduría y compasión del Buda, la eficacia de las enseñanzas y el apoyo de los amigos espirituales al mismo tiempo. No hay conflicto en eso; mas al final tenemos que conseguir nuestra propia libertad. Para alcanzar nuestra meta, es necesario abrir la puerta y cruzarla.

Tienes que confiar en que no eres un caso perdido, no importa cuán somnolienta, salvaje o loca parezca tu mente. La forma en que desarrollas este tipo de confianza en el camino budista es a través del proceso de entrenar tu mente. Así es como te das cuenta por ti mismo que este camino conduce, de hecho, a la libertad. Cada uno de los entrenamientos por los que pasas, en disciplina, meditación y conocimiento superior, te ayuda a ver la relación de causa y efecto y a acumular el conocimiento y habilidades que necesitas para liberarte de tus patrones habituales. Al traer a tu vida mayor atención plena y mayor capacidad de darte cuenta, desarrollas un nivel de comunicación con tu propia mente que va más allá de cualquier cosa que hayas experimentado antes. Te vas acercando más a ella, volviéndote más íntimo y conocedor de su naturaleza. El resultado es que conviertes a un extraño en un amigo. Cuando la relación con tu mente se basa en la confianza en lugar de en la ignorancia, el miedo y la desesperanza, tu mente se vuelve tranquila, clara y abierta. Entonces se transforma en un apoyo para todo lo que deseas lograr.

La atención plena es tu aliada

Para que cualquier tipo de entrenamiento funcione, tenemos que estar presentes en un estado consciente. Nuestra mente tiene que estar ahí con nuestro cuerpo. Así que una de las primeras cosas que aprendemos es la práctica de la atención plena. Esto es simplemente la práctica de traernos por completo al momento presente y seguir regresando a él siempre que notemos que nos hemos ido a la deriva. De modo que tenemos dos cosas en juego aquí: una es nuestra capacidad de darnos cuenta de que estamos en el presente y la otra corresponde a la atención plena que nos ve ausentándonos del presente y nos trae de vuelta. Si vamos a seguir enfocados en el momento presente, conscientes de nuestra experiencia fresca, necesitamos tanto la atención plena como la capacidad de darnos cuenta.

El acto de traer nuestra mente al presente es uno de disciplina propia. Se detiene por completo la tendencia de la mente a moverse de aquí para allá, del presente al pasado, del pasado al futuro y de regreso otra vez. Es como cuando suena la campana al principio de la clase y el maestro pide orden a los estudiantes. Por un momento, se desvanece todo el caos y hay unos cuantos segundos preciosos de atención unificada, silenciosa y simple. Al igual que un niño pequeño, la mente tiene problemas para permanecer en calma durante mucho tiempo. Se inquieta y empieza a moverse nerviosamente. Cualquier maestro te dirá que no puede llevarse a cabo ningún aprendizaje mientras los niños estén retorciéndose en sus bancas. Lo mismo sucede cuando entrenamos nuestra mente. Necesitamos recordarnos a nosotros mismos estar presentes y poner atención.

La totalidad de nuestro entrenamiento se sustenta en estas dos prácticas: la atención plena y el darnos cuenta. Darnos cuenta es nuestra conciencia de estar en el presente. Atención plena significa «recordar» o «no olvidar» vigilar la mente y ver cuándo se aleja del presente. En el momento que advertimos eso, estamos de regreso otra vez. Sin la actividad de la atención plena, nos perdemos en el flujo mental continuo de los pensamientos, y nuestra capacidad de darnos cuenta se vuelve como un niño perdido en un bosque espeso.

De las dos, la atención plena suele enfatizarse más porque es responsable de mantener la continuidad de nuestra capacidad de darnos cuenta. Atención plena significa recordar una y otra vez. Tiene cierta cualidad de repetitividad. Así es como desarrollamos todos nuestros patrones habituales, negativos o positivos, por medio de la repetición. De modo que en este caso, cultivando un sentido de presencia con atención plena, establecemos una tendencia positiva que tiene el poder de transformar cualquier tendencia negativa.

Cuando estamos en atención plena, notamos el flujo de las cosas. Hay un sentido de continuidad para nuestra capacidad de darnos cuenta, una experiencia completa del momento presente. Ordinariamente, cuando vemos algo, no lo percibimos de manera completa o clara. Nuestra visión está interrumpida por pensamientos, conceptos y todo tipo de distracciones. Esa es la razón por la que pocas personas son en realidad buenos testigos. Si atestiguas un robo y la policía te interroga, dices: «Sí, lo vi, pero, este… realmente no recuerdo mucho de lo que sucedió». No puedes afirmar con certeza quién sostenía la pistola y cuántas balas se dispararon. Incluso nuestros recuerdos de sucesos vividos resultan vagos. Sin embargo, cuando estamos presentes y alertas y no distraídos, nada se escapa de nuestras observaciones.

Juntas, la atención plena y la capacidad de darnos cuenta, producen una calidad de atención que es precisa y clara. Tienes claridad sobre tus pensamientos. Tienes claridad sobre lo que ves, oyes y sientes. Cuando estás viendo algo en el momento presente, sabes lo que está sucediendo. Hay una precisión muy fina más allá de las palabras.

Podemos ver esto del siguiente modo: nuestra mente es como una casa y nuestra atención plena es como el inquilino de la casa. Puesto que no queremos ningún intruso o visita inoportuna, cerramos con llave todas las puertas y ventanas de nuestra casa. Nadie puede entrar a menos que lo permitamos. Nadie puede entrar sin anunciarse. Esa es la función de la atención plena: estar vigilante de lo que está tratando de entrar en nuestra mente. Si un pensamiento de ira intenta entrar en nuestra mente, no puede hacerlo hasta que abramos la puerta. Nuestro propósito no es impedirle a todo la entrada, sino permanecer conscientes de nuestro ambiente y de lo que está ocurriendo en él. Entonces podemos lidiar con él de manera apropiada. Podemos abrir la puerta a nuestro pensamiento de ira, escucharlo y después pedirle que se vaya. Lo reconocemos como un pensamiento y no lo confundimos con quienes somos. Ese es el punto. La experiencia da un giro. En lugar de pensar: «Estoy realmente enojado ahora», pensamos: «Ah, mira, un pensamiento de enojo ha entrado en mi mente». Es fácil soltar un pensamiento que está de visita en nuestra mente; es más difícil cuando tomas la identidad del visitante. ¿A quién le vas a pedir que se vaya?

Estemos donde estemos y hagamos lo que hagamos, siempre podemos practicar mindfulness o atención plena. Es esencial en todos los métodos para trabajar con el cuerpo, el habla y la mente. Podemos estar caminando en la calle, sentados en meditación o leyendo un libro. Esta práctica es nuestro mayor amigo y aliado en el camino espiritual. Es la tarjeta de presentación del buda rebelde y el archienemigo de la ignorancia.

7. Los tres entrenamientos

Los diversos métodos de entrenamiento de la mente en el camino budista son los medios que usamos para llevar la iluminación, la paz y la confianza a aquellos estados de oscuridad mental, agitación y desesperanza que nos hacen sufrir. Este entrenamiento se divide en tres áreas: disciplina, meditación y conocimiento superior. Una vez que puedes relacionarte con la idea de entrenarte a ti mismo, que sabes lo que estás entrenando y estás de acuerdo en estar presente lo más posible durante este proceso, puedes iniciar los tres entrenamientos reales. Cada tipo de entrenamiento te ayuda a despertar y alcanzar la libertad individual.

Disciplina: tranquilos, calmados y compuestos

Cuando hablamos de disciplina, no nos referimos a transformar a un chico malo o una chica mala en buenas personas. No significa apalear o azotar tu mente hasta someterla. Y tampoco es un ardid para privar tu vida de excitación o interés. Al igual que la palabra *emoción, disciplina* en el sentido budista tiene varios significados que no están manifiestos en el uso común del español. Primero, incluye el significado de tranquilizar. Es como estar afuera en medio de un día caluroso de verano, y justo cuando te sientes realmente abrumado por el calor, encuentras algo de alivio bajo la sombra de un árbol. Te sientes feliz de estar sentado en la sombra fresca y comienzas a sentirte más calmado y tranquilo. Ese es un ejemplo del resultado de practicar la disciplina: alivio de la angustia intensa que podemos sentir al quedar atrapados en nuestros patrones habituales ordinarios.

La disciplina también tiene el significado de «tomar la propia rienda o batuta» o «pararnos sobre nuestros propios pies». Quiere decir que no siempre necesitas la guía de alguien más como cuando eras niño. Cuando eras joven, desde luego, tenías muchísimas figuras de autoridad. Tus padres, maestros y los consejeros escolares te enseñaron qué hacer. Aprendiste las reglas de cómo comportarte en casa, en la escuela y en público. Pero una vez que has pasado por todo ello, reconoces que eres capaz de convertirte en tu propio guía, que es un entendimiento liberador. De la misma manera, en nuestro camino espiritual, llegamos a un punto donde somos capaces de evaluar nuestras acciones y corregir nuestros errores.

En última instancia, cada uno de nosotros es nuestro mejor juez y consejero propio, ya que conocemos nuestros patrones mejor que nadie. El problema de depender de los maestros es que les mostramos nuestra mejor cara. Si eres realmente bueno en eso, quizá seas una persona muy diferente cuando sales por la puerta y no estás en su presencia. En ese caso, ¿cómo puede guiarnos un maestro en realidad? A veces los estudiantes tienen miedo de sus maestros e intentan «seguir las reglas» o imitar una conducta excelente por miedo a que el maestro se enoje con ellos. Sin embargo, nuestro entrenamiento en la disciplina no debe basarse en ningún tipo de pensamiento de temor. Eso no es disciplina genuina. La verdadera disciplina debe venir de un deseo sincero de encontrar nuestra propia libertad.

La ética como atención plena

Practicar la disciplina significa seguir un camino de conducta ética: ciertas acciones se deben evitar, otras se fomentan. Basándonos en esto, podríamos pensar que la disciplina tiene que ver simplemente con seguir reglas y aguantar adversidades. Sin embargo, la intención primaria de este entrenamiento es darnos cuenta de nuestras acciones, verlas claramente y ser capaces de reconocer las que son dañinas y las que resultan beneficiosas. La marca de una mente disciplinada es practicar la atención plena en todas nuestras acciones y tener cuidado de no lastimar a otros ni a nosotros mismos. Eso significa que tenemos que examinar nuestras suposiciones acerca de lo que constituye una acción positiva o una negativa. Algunas acciones pueden ser positivas en un contexto social, pero negativas, en otro. La disciplina va más allá de solo seguir un conjunto de reglas; requiere discriminación, empatía y honestidad genuinas. No obstante, es tu propia disciplina la que desarrollas. Tú eres el que está en el camino, avanzando hacia tu propia libertad.

Volverse una persona disciplinada significa cultivar la atención plena y la capacidad de darte cuenta para que puedas ver tus acciones con claridad y precisión. Ser disciplinado significa que ves la situación completa: ves tus pensamientos y las intenciones de esos pensamientos; ves cómo se desarrollan tus intenciones y cómo se expresan mediante el habla o las acciones, y también ves el efecto de tus acciones sobre ti mismo, sobre otros y sobre tu ambiente. Cuando aplicas la atención plena y la capacidad de darte cuenta a este proceso completo, experimentas una mayor libertad. No te limitas solo a repetir tus tendencias habituales o a hacer ciegamente lo que piensas que deberías hacer. Puedes elegir si dices lo que te está pasando por la mente y se muere por salir, o puedes hacer una pausa y tranquilizarte primero. Ese es un momento del buda rebelde, cuando estás a punto de quedar atrapado de nuevo, y algo interviene en el último momento y te empuja hacia la libertad, fuera del alcance del desastre. Esa es tu inteligencia básica, tu mente despierta, saltando a la acción. Al principio, es más probable que te quedes atrapado, pero después la mente del buda rebelde se vuelve tan rápida y precisa en sus acciones que puedes empezar a relajarte, incluso cuando estés bajo un intenso fuego emocional.

No basta con tratar de tener atención plena y ser disciplinado solo una vez y entonces decir: «Bueno, lo intenté, pero no funcionó». Toma tiempo. Tienes que intentarlo repetidamente, y en algún momento podrás sentir la energía transformadora. Ya sea que cambies o no la manera en la que haces las cosas, descubres que la forma de relacionarte con tus acciones se modifica. Si tiendes a gritarles órdenes a las personas en el trabajo, es probable que lo sigas haciendo. Sin embargo, la forma en que te relacionas con tu manera de gritar quizá sea bastante diferente.

Romper los patrones habituales

Al Buda se le ocurrió una lista de diez acciones que consideró positivas, en el sentido de que contribuyen tanto al desarrollo de un individuo como a las condiciones armoniosas dentro de la sociedad. De esas diez, tres se relacionan con actos del cuerpo; cuatro, con actos del habla, y tres, con actos de la mente. Además, enseñó que cuando aplicamos la atención plena y la capacidad de darnos cuenta a todas nuestras acciones del cuerpo, el habla y la mente, logramos algo más: empezamos a romper el poder de nuestros patrones habituales. Interrumpimos su ímpetu tan pronto como reconocemos que solo estamos repitiendo nuestros dramas usuales. Cuando nos volvemos conscientes de nuestros patrones, entonces cada vez que reaparece cierto hábito, como una tendencia a reaccionar con ira, será diferente porque no tendrá la misma fuerza o sentido de solidez. Y cuando aflojamos por completo el agarre de nuestros patrones, desarrollamos un estado más tranquilo, positivo y claro de la mente. Abandonándonos a estos hábitos sin prestar atención, sin embargo, únicamente intensificamos su agarre sobre nosotros.

Las diez acciones positivas que dan soporte a una manera de vivir compasiva y despierta se expresan como diez cosas de las cuales abstenerse. En términos de la acción corporal, disciplina significa reconocer que en general resulta nocivo matar a otros seres, robarles o comportarse sexualmente de forma inapropiada. En términos del habla, vemos que es generalmente nocivo mentir a otros, hacer comentarios desdeñosos y divisorios, hablar con dureza o pasar nuestro tiempo criticando a los demás. Y en términos de la mente, vemos el daño que surge de ser malintencionados y envidiosos, guardar rencores, y cometer el error de no creer en la causa y el efecto. Esta última noción se considera el problema mayor de todos, pues si no creemos que una acción negativa se conecta con un resultado negativo, es posible que pensemos que podemos matar, mentir, ser odiosos y aun así esperar ser libres, respetados y felices. Ese es un ejemplo perfecto de una falsa ilusión.

Podemos observar la experiencia de nuestra propia mente cuando llevamos a cabo diferentes tipos de acciones. Al hacer algo positivo, como ayudar a un amigo necesitado, ofrecer palabras amables a un extraño o simplemente pensar en otra persona con una actitud de amor y compasión, el efecto en nuestra mente tiende a ser tranquilizador. Nos sentimos más relajados, abiertos y claros. En contraste, cuando hacemos algo negativo, como discutir con nuestra pareja, robar en la oficina o codiciar las pertenencias de nuestro vecino, nuestra mente se vuelve más agitada, tensa y turbia. En otras palabras, todas nuestras acciones, ya sea que permanezcan en el nivel del pensamiento o se expresen mediante el habla o la acción corporal, tienen algún tipo de impacto sobre nuestra mente.

Resulta obvio que, si estamos en un ambiente que apoya nuestros hábitos negativos, nos será más difícil romper con ellos. Así que es útil mirar a nuestro entorno, mirar la cultura de nuestro hogar, vecindario o lugar de trabajo. Cualquier tendencia que podamos tener hacia el habla áspera se refuerza si los demás a nuestro alrededor están motivados por la competencia y los celos. Si nos inclinamos a no ser muy sinceros en cuestiones monetarias, a justificar cobrarles de más a los clientes o hacer trampa al pagar impuestos, entonces esas tendencias se refuerzan si la cultura de nuestra comunidad comercial acepta y recompensa esas prácticas. Si hemos crecido en una atmósfera de intimidación y violencia, entonces incluso cuando no sea nuestra tendencia natural intimidar a otros, podemos caer en ese comportamiento.

En esencia, cuando hablamos de disciplina y ética, sencillamente nos referimos a sustituir los hábitos viejos y contraproducentes con unos nuevos y constructivos. Hay muchas razones por las cuales hacemos lo que hacemos, y cuando vemos más allá de nuestros patrones habituales y condicionamiento ambiental, reconocemos que la causa que subyace a todo ello es la mente de la ignorancia: no saber y no preocuparse por saber. Puesto que no podemos en principio remediar esto o siquiera verlo de modo directo, empezamos a trabajar para desarrollar la capacidad de darnos cuenta de nuestras acciones. Trabajamos de arriba abajo, o de afuera adentro, llevando la luz del darnos cuenta con nosotros. A la larga, se prenderá una luz aun en el nivel más profundo de nuestro ser.

Más allá de lo que hay que hacer y lo que hay que evitar

Cada uno de nosotros debe encontrar su propia manera de crear un espacio en su vida donde podamos concentrarnos en nuestro camino de libertad individual. Algunas personas eligen un ambiente de soledad, ya sea literal o figurativamente. Montan grandes letreros que dicen: «Propiedad privada. No pasar». No puedes hablarles, no puedes tocarlos. Si lo haces, permanecen en silencio y tratan de escapar de ti. Desde luego, no es necesario llegar a ese extremo, pero es esencial que cada uno encuentre cierto grado de soledad interna, un espacio tranquilo, donde podamos trabajar con nuestros propios asuntos y descubrir nuestra chispa personal, el entusiasmo que aviva nuestro interés y nos mantiene en marcha. Pero es importante que no convirtamos esto en una grandiosa misión, donde de repente tengamos que liberarnos de todo. Eso no va a suceder.

Podemos buscar la libertad desde cualquier agitación emocional por la cual estemos atravesando en un momento dado o podemos enfocarnos en un patrón habitual particular. Uno de mis maestros me dijo una vez: «Trabaja primero con lo que sea más fácil –el elemento menos neurótico de tu mente– y libérate de él. Luego trabaja con el siguiente y comprométete a liberarlo con toda la fuerza y energía de tu corazón». Este es un buen consejo. De este modo, acumulas pequeños trozos individuales de tu liberación, cual piezas de un rompecabezas, y cuando las colocas juntas, encuentras que tienes la libertad completa de todos tus patrones habituales, de todas las causas de tu sufrimiento. Por otro lado, puedes, si lo deseas, continuar acumulando acciones negativas y aumentar tu colección de confusión y sufrimiento. Tú decides.

De nuevo, no deberías tomar este entrenamiento como un conjunto de normas sobre lo que hay que hacer y lo que hay que evitar; no es una lista de demandas éticas que debes cumplir para ser budista. Tenemos que recordar por qué estamos haciendo estas cosas. Nuestro propósito es simplemente despertar; de otro modo, solo estamos cumpliendo con normas prescritas, como las gubernamentales. Una vez oí hablar de una ley estatal que pedía a las personas registrar su certificado de defunción dos semanas antes de morir. Ese es el tipo de disparate que puede suceder cuando nos preocupamos tanto de las reglas y políticas que se nos olvida confiar en nuestra inteligencia.

Meditación: reunirnos con nuestra mente

La meditación trae estabilidad, calma y claridad a nuestra mente ocupada y agitada. Sin el soporte de la meditación, sería difícil tener éxito en el entrenamiento de la disciplina. Necesitamos una mente enfocada, calmada y estable para ver nuestras acciones con claridad. Entrenándonos en la meditación, nos volvemos capaces de entrenarnos en la disciplina.

La pregunta en este punto es: ¿qué estamos haciendo en la meditación? Hay muchos tipos diferentes de meditación, pero los métodos primarios asociados con el entrenamiento en meditación son la meditación de morar en calma *(shamata)* y la meditación de la visión clara o de la introspección, *(vipassana)*. A la meditación de morar en calma algunas veces se le llama «meditación de descanso» o solo «meditación sentados», que es como aquí la llamaremos. Es una etiqueta precisa, porque no hacemos mucho en esta práctica, aparte de sentarnos y observar la mente. Una vez que aprendemos a calmarla y a estabilizarla, seremos capaces de practicar la meditación de la visión clara, la cual lleva a un nivel más profundo de introspección o de visión directa de la naturaleza de la mente. No funciona muy bien cuando la mente tiende a estar agitada y a dispersarse con facilidad. Se pueden encontrar instrucciones detalladas para la práctica en el Apéndice 1.

Cualquiera que sea el método que uses, la meditación supone simplemente familiarizarte con tu mente. No se trata de meditar «sobre» algo o de entrar en una zona donde estás felizmente apartado de los contenidos de tu mente. Más bien, el significado real de meditación es más irte acostumbrando a estar con tu propia mente. Antes hablamos de no conocer nuestra mente, de la mente como el extraño en tu vecindario. Ahora podemos ver cómo cambiar esta relación.

Muchas veces cuando deseas llegar a conocer a alguien, sugerirás reunirte en algún lugar para tomar té. Encontrarás un bonito café, en algún lugar tranquilo con asientos cómodos, pediréis vuestras bebidas y os sentaréis juntos. Al principio, la conversación será intrascendente, pero cuando comencéis a conoceros y a sentiros más cómodos, un intercambio honesto y abierto empezará a tener lugar. Tu nuevo conocido comenzará a contarte más y más acerca de su vida. A la larga, sentirás que sabes algo acerca de esta persona y por lo que está pasando. Experimentarás cierta conexión y simpatía. También te tocará compartir lo que a ti te ocurre. Sin embargo, si quieres convertirte en un buen amigo, primero tienes que ser alguien que sepa escuchar. Es necesario que estés totalmente presente y que dejes hablar a tu nuevo amigo. Si interrumpes constantemente y te adueñas de la conversación, nunca tendrás un diálogo significativo.

La reunión no redundará en que os conozcáis y entendáis mutuamente. En cierto momento, descubrirás que sin importar lo complicado y problemático que pueda ser tu nuevo amigo, encuentras algo genuinamente bueno y decente dentro de toda su confusión.

Llegar a conocer tu mente a través de la meditación funciona de manera muy similar. Quieres conocer tu mente a un nivel más profundo, así que planeas pasar algún tiempo con ella. Tienes una cita con ella y encuentras un lugar tranquilo donde puedas sentarte de forma cómoda y pasar el rato con tu nuevo conocido llamado «mi mente». En este caso, tu práctica de meditación sentado es como el café, el lugar donde te reúnes. Hay bonitos cojines donde sentarse, se miran uno a otro y luego tu mente empieza a cotorrear. De hecho, al principio no para de hablar. Todo lo que necesitas hacer es escucharle. Seguirá y seguirá, te contará todo lo que ha ocurrido en el pasado o lo que podría suceder en el futuro. Pero, diga lo que diga, ya sea algo inteligente o tonterías, algo imaginado o un hecho real, todo lo que necesitas hacer es escuchar.

Estando allí y simplemente escuchando, al final aprenderás qué está pasando con tu mente. Podrás reconocer sus problemas y darle consejos acertados. Si empiezas a diagnosticar demasiado pronto, tus consejos no conducirán a ningún lado. Si esperas a tener la historia completa, podrás guiar a tu mente en una dirección que sea productiva y beneficiosa, una que reducirá su dolor y desahogará sus agitaciones emocionales.

No obstante, saber lo que ayudará es una cosa y conseguir su cooperación es otra. Por eso es tan importante desarrollar esta relación. Si vieras a algún extraño en la calle haciendo algo estúpido y le dijeras: «¡Oye, tú! No hagas eso», ¿crees que te haría caso? Probablemente no. Pero si fuera alguien a quien conoces bien y le dijeras: «¡Oye, amigo! ¡Detente, por favor!», sería mucho más probable que esa persona te hiciera caso y se esforzara para dejar de hacer lo que estaba haciendo. Lo mismo sucede con nuestra mente. Si es una extraña para ti y de vez en cuando la descubres haciendo algo negativo y le dices que se detenga, no te va a hacer caso. Pero una vez que has desarrollado una relación con ella y sois amigos, tu mente será más trabajable, más razonable y estará más dispuesta a cambiar. Tienes una buena historia, y tu amiga te escuchará.

Del mismo modo que cuando haces un amigo nuevo, cuando creas una relación genuina, honesta y abierta con tu mente, descubres que, a pesar de todo –las preocupaciones, las luchas y las agitaciones emocionales–, hay algo en el corazón de todo que es innegablemente positivo. Hay cualidades de bondad, compasión, integridad y sabiduría que son patentes a través de toda la confusión de tu mente y que eclipsan todas sus fallas.

Conocimiento superior: ver con claridad

El célebre filósofo y padre del método científico moderno, Francis Bacon, dijo: «El conocimiento es poder». El *poder* implica gran habilidad, fuerza y autoridad, y la capacidad para actuar y lograr nuestros propósitos. Si tenemos poder, podemos usarlo de maneras diferentes: para controlar a otros o para ejercer influencia en instituciones sociales o en el propio gobierno. También podemos usarlo para la transformación propia. A este respecto, podemos decir que el conocimiento espiritual es poder espiritual. En el camino budista, acumulamos conocimiento de tres maneras: a través del estudio, la contemplación y la meditación.

Primero, ganamos conocimiento intelectual, luego lo personalizamos al reflexionar sobre él y después vamos más allá a un estado de conocimiento del todo nuevo, uno libre de la dependencia de los puntos de referencia. Esa es la naturaleza de nuestra jornada. Primero, recibimos un mapa y aprendemos a leerlo; después, nos encontramos en la carretera, pero seguimos apoyándonos en nuestro mapa para las indicaciones; por último, reconocemos que ya no necesitamos mirar el mapa: nos lo sabemos de memoria. Nuestra confianza no titubea, ya sea que miremos el mapa o hacia delante del camino; el mapa se ha disuelto en el paisaje. Ese es el conocimiento superior, o una forma de verlo.

Conocimiento superior podría sonar como algo que obtienes al asistir a una institución de aprendizaje superior, una escuela de posgrado espiritual. Al perseguir eso, podrías dejar atrás las preocupaciones prácticas de la vida cotidiana en favor de una existencia en una alta torre de marfil. Suena bastante bien, pero en este caso lo opuesto es verdad. Son precisamente los detalles y las preocupaciones prácticas de la vida diaria los que hacen posible el conocimiento de cualquier tipo. Y para alcanzar el estado de conocimiento superior, necesitas ver los detalles de tu vida de manera extraordinariamente clara.

«Conocimiento superior» tiene dos significados aquí. Primero, es una forma de ver; segundo, es lo que ves. La manera de ver aquí es «ver con claridad» o ver mejor de lo que sueles hacerlo; ver más allá y de modo más profundo que nunca antes. Lo que ves (cuando ves esto con claridad) es la manera en que las cosas son realmente: cuando te ves a ti mismo, adviertes la ausencia del yo y, cuando ves el mundo, ves el vacío. Es como tener una visión mala durante un largo tiempo y someterse a un procedimiento que corrige los defectos de tus ojos. De repente tienes una visión perfecta, y todo aparece claro como un cristal, sin imprecisión o distorsión. El procedimiento por el que pasas aquí para corregir tu visión es el entrenamiento en el conocimiento superior que despeja la confusión de tu mente. En esencia, es el proceso de fortalecer y refinar tu inteligencia natural hasta el punto de la claridad brillante, que disipa la oscuridad de la ignorancia al iluminar por completo tu mente.

En ese punto, la inteligencia que ve y aquello que se ve se funden en la experiencia de la sabiduría consciente de sí misma: la mente del buda, la mente despierta, la mente que es libre. El destello de introspección que viene justo antes de ese momento es tu propia inteligencia en acción, tu mente de buda rebelde. En un principio, nos apoyamos en nuestra inteligencia simplemente para ver nuestros patrones habituales cuando aparecen y no ceder ante ellos. Esa es la primera misión del buda rebelde, que es una acción defensiva para mantenernos despiertos y en el juego. Observa desde las bandas e interviene de tiempo en tiempo. Pero después nuestra inteligencia se vuelve más proactiva y valiente; busca oportunidades para despertarnos. Sale, se involucra con nuestros patrones habituales y proclama el despertar en medio de nuestra confusión. La causa de esta evolución es nuestro entrenamiento en el conocimiento superior, el cual empodera al buda rebelde, nuestra inteligencia innata, para convertirlo en una fuerza plenamente operativa al servicio de nuestra liberación.

La meditación asociada con el desarrollo del conocimiento superior o la introspección directa sobre la naturaleza de la realidad es la práctica de la meditación analítica. Es una forma conceptual de meditación que usa la lógica y el razonamiento para investigar y analizar la experiencia. Por ejemplo, podrías someter a prueba tus suposiciones acerca de quién eres haciéndote una serie de preguntas: «¿Qué es y dónde está este yo que creo que existe ahora? ¿Es físico o mental? ¿Existía antes de que yo naciera? Si no, entonces, ¿cómo podría este yo haber surgido del no-yo o de la nada? Si es así, entonces, ¿cómo puedo decir que este yo que ya existía nace?». A través de este proceso de examen y análisis, la meditación analítica expone nuestro pensamiento confuso mientras que refina el poder intelectual de la mente. En el Apéndice 1 se pueden encontrar instrucciones detalladas para la práctica.

De hecho, hemos estado entrenándonos en el conocimiento superior todo el tiempo. Empezamos clarificando nuestra confusión en el instante en que hicimos nuestra primera pregunta. Estuvimos cultivando nuestra inteligencia cuando comenzamos a reflexionar sobre nuestra soledad, insatisfacción y sufrimiento. A lo largo de la jornada, hemos estado entrenando la mente del buda rebelde para aprovechar cualquier abertura, cualquier momento de claridad, para atravesar la neblina de confusión que nos rodea y nos amarra como una gruesa soga.

Mente abierta por el conocimiento

Entrenarnos en el conocimiento superior no significa convertirnos en un recipiente de hechos o en un creyente de cualquier sistema filosófico particular. La cuestión principal es ver claramente qué es verdad y qué es ilusión en la forma en que vivimos. Significa que entendemos la relación de causa y efecto, y vemos cómo funciona en nuestra vida. Vemos que el sufrimiento es el resultado natural de cierta causa y que en última instancia esa causa es nuestro aferramiento al yo. Vemos que la felicidad es el resultado de cierta causa y que en última instancia esa causa es trascender nuestro aferramiento al yo.

Cuando vemos la verdad de esto, cuando realmente lo entendemos, tiene un gran impacto. Nos despierta y refina nuestras prácticas de disciplina y meditación. Cuando no apreciamos plenamente esta relación, entonces después de practicar durante algún tiempo, nos sentimos algo cansados de ello y empezamos a preguntarnos: «¿Por qué estoy haciendo esto?». Y cuando nos sucede algo desagradable, preguntamos: «¿Por qué me pasó esto?». Ni siquiera pensamos sobre la vasta red de causas y condiciones con las cuales estamos siempre conectados. Estas preguntas surgen solo cuando o no entendemos u olvidamos el principio de causa y efecto. Estos no son solo principios que descansan en las páginas de un libro o palabras que provienen de la boca de un maestro de una manera muy dignificada. Esta es nuestra vida. Esto es lo que nos sucede cada día, y la situación es urgente porque la vida es corta. Si no aprovechamos la oportunidad que está siempre frente a nosotros –para despertar, para ver, para conocer o para liberarnos–, es posible que estemos renunciando a nuestra última oportunidad.

Ordinariamente, no cuestionamos nuestra confusión; solo seguimos su flujo. Pero aquí nos estamos reconectando con nuestra mente inquisitiva, investigando lo que solemos dar por sentado. El resultado es una mente que se abre por el conocimiento, receptiva para ver más allá de las fronteras de lo que ya conoce. Estamos cultivando nuestra inteligencia en vez de expandir o mejorar sus contenidos. Es como iluminar una habitación poniendo un foco de más intensidad en una lámpara. Repentinamente podemos ver todo en la habitación con mucha mayor claridad.

Conforme avanzamos, podemos usar cada introspección como una base para extender nuestro conocimiento, para ir más lejos aún dentro de lo desconocido. Si pensamos: «¡Ya lo entendí!» en nuestro primer momento de «¡Eureka!», entonces no hay adónde ir desde ahí. Con esa actitud, los primeros pioneros en Estados Unidos no habrían ido más allá del río Misisipi. De modo que seguimos con curiosidad y seguimos viendo. Incluso los más profundos descubrimientos científicos de todos los tiempos, como las teorías de Einstein, siguen siendo investigados y revisados por científicos en su propia búsqueda para entender cómo funciona una realidad multidimensional.

La forma en que empieza la liberación

En suma, estos son los tres entrenamientos en disciplina, meditación y conocimiento superior que transforman nuestra mente de algo que nos causa problemas y sufrimientos frecuentes en algo más útil: un vehículo que nos llevará a la libertad individual. Al principio, el camino es muy individual, y eso es absolutamente necesario. Necesitamos enfocarnos en nosotros mismos, ver nuestro propio sufrimiento y dolor, y encontrar nuestra propia forma para trabajar con nuestra confusión. También necesitamos desarrollar nuestra propia visión de libertad y decidir sobre el camino hacia nuestra meta. Es un poco como el mundo corporativo, donde la principal preocupación de la compañía es su propia ganancia. Como subproducto, algunos otros podrían beneficiarse, pero sus ganancias no constituyen el interés inmediato de la compañía. Más bien, el objetivo de una compañía bien dirigida es cuidar su salud y recursos financieros, aumentar su participación en el mercado y lograr el mayor saldo posible. Así es precisamente como empieza el camino hacia la liberación: siendo realista y teniendo los pies en la tierra, prestando atención a los detalles y sabiendo con claridad adónde te diriges.

8. Descontar la historia del yo

Nuestro entrenamiento en conocimiento superior nos conduce primero a un entendimiento de la realidad relativa y después a una comprensión más profunda de la realidad última: la verdadera naturaleza de la mente, que es la ausencia del yo. Debemos ver que, al final, la raíz de todo nuestro sufrimiento, todo nuestro dolor, toda nuestra confusión es nuestro propio aferramiento al yo, nuestro sentido de importancia personal. Ese yo siempre nos está causando dolor. No hay otra causa raíz. Es solo ego, ese destello de «yo» que es el punto de referencia central en nuestro universo personal. No importa lo que estemos haciendo, nuestras acciones siempre vienen de este sentido de conciencia de nosotros mismos y lo reflejan de vuelta. Es el punto de inicio de la dualidad, la escisión de lo que naturalmente es uno.

Es importante advertir, también, que la experiencia del «yo» en su nivel más básico es una experiencia de incertidumbre y miedo. ¿Por qué? Nuestro sentido de identidad no es algo que nazca solo una vez, cuando nacemos de nuestros padres, o algo que continúe sin interrupción durante toda nuestra vida. Nace una y otra vez. Está ahí, dura solo un instante y después cesa. En un momento en que no reconocemos nuestra verdadera naturaleza, experimentamos un sentido de oscuridad mental, un desconocimiento que puede ser aterrador. Por un instante, no tenemos un sentido claro de quiénes somos, ningún punto de referencia, ningún sentido de dirección. Entonces, rápidamente, a partir de este estado de ignorancia, la noción del yo vuelve a nacer, y a partir de eso aparece la noción del «otro».

El yo y el otro

¿Cuál es la relación de este yo con este otro? Esa es la pregunta que el ego no puede nunca responder del todo; siempre es incierta y fluctuante. Puesto que nace y cesa a cada momento, su naturaleza es asirse a la existencia. Cada vez que vuelve a nacer, crea con ello un mundo completo que se convierte en su reino de poder e influencia. Al borde de este territorio está una pared sólida, una frontera aparentemente impermeable a la duda. El ego se sienta orgullosamente en el centro, siempre vigilante y, al mismo tiempo, sin la menor idea, rodeado por todo lo que considera como «mío»: mi cuerpo, mis pensamientos, mis emociones, mis valores, mi casa, mi familia, mis amigos y mi riqueza. El «otro» está afuera. Finalmente, el mundo del ego está completo y en perfecto equilibrio. Pero en un parpadeo, toda la cuestión se desmorona, y en el siguiente momento está de vuelta otra vez.

Cuando escuchas algo como lo anterior, ¿qué piensas? Es un tipo de historia extraña, como un cuento de hadas. La pregunta es: ¿es cierto? Depende de ti descubrirlo. Cuando alguien te dice algo que no entiendes o que es muy diferente de tu propio entendimiento, no lo tomes al pie de la letra. Eso es lo que dice el Buda y es lo que probablemente también diría tu madre. No quieres que se aprovechen de ti o que te engañen o simplemente perder tu tiempo. Cualquier palabra pronunciada con una voz autoritaria puede sonar a verdad; pero la persona que dice esa palabra ni siquiera podría saber qué está diciendo. De hecho, eso sucede muchas veces. Solo mira las noticias. Pero al igual que podemos ser engañados por las historias de alguien más, también podemos engañarnos con las historias que nosotros mismos nos contamos. La historia más grande que nos contamos, la predilecta, es la historia acerca de quiénes somos. Sin embargo, al igual que los cuentos de hadas, nuestras historias no carecen de significado; están llenas de aventuras, personajes raros, simbolismo y verdad. Pero tenemos que buscar esos significados. De lo contrario, nuestras historias son solo otro entretenimiento.

La meditación analítica es una manera de ver la historia del yo desmenuzándola. Se conoce como meditación de introspección porque estamos descifrando al mismo tiempo aquello que estamos examinando. Este tipo de meditación usa la lógica y la razón para investigar lo que pensamos y para desenmascarar las suposiciones básicas que tenemos acerca de nosotros y del mundo, suposiciones que quizás nunca antes hayamos examinado del todo. La razón para nuestra investigación es tan importante como el proceso mismo. Si olvidamos por qué estamos haciendo esta práctica, se puede volver solo un ejercicio mental. En la meditación analítica, buscamos la verdad acerca de la causa de nuestro sufrimiento para que podamos deshacerlo.

Meditar sobre el vacío

La tradición de la meditación analítica incluye varios razonamientos lógicos que pueden llevarnos a través de un profundo análisis del yo y de los conceptos que sostienen nuestra creencia en él. El resultado es liberarnos de esos conceptos, que están basados en un pensamiento confuso. Resulta que nuestra creencia en la verdadera existencia de un yo es simplemente irrazonable.

Cuando llegamos al punto de haber «examinado» profunda y ampliamente tanto el cuerpo como la mente y somos incapaces de encontrar la existencia de un yo, experimentamos un espacio. En ese preciso momento de no encontrar el yo permanente e independiente que siempre asumimos que estaba ahí, todo el pensamiento se detiene. En ese punto, podemos descansar nuestra mente en un momento de apertura pura, que llamamos conciencia no conceptual. Ese es el inicio de nuestro descubrimiento de la ausencia del yo. Continuamos de esta manera, alternando los métodos de análisis y de descanso.

A la larga, seremos capaces de descansar nuestra mente directamente en esta apertura pura sin ningún análisis preliminar. Es en este punto cuando podemos decir que estamos «meditando en la ausencia del yo». ¿Por qué? Porque descansamos nuestra mente en un estado de conciencia en el que no aparece un yo. ¿Dónde está este yo cuando no hay pensamiento? Aunque esta conciencia no conceptual siempre está presente, es difícil verla. Siempre la estamos pasando por alto. La introspección producida por la meditación de la visión clara, sin embargo, se conoce como «introspección superior», que nos permite ver más allá de lo que previamente hemos visto. Antes no vimos más que el aferramiento al yo, pero ahora vemos la ausencia del yo.

Lo que el Buda nos muestra en sus enseñanzas sobre la ausencia del yo es que estamos equivocados al pensar que hay cosas que existen sólidamente dentro del flujo de experiencias que es nuestra vida. Pensamos en quiénes somos como algo permanente, que continúa a lo largo del tiempo con la misma forma invariable, independiente de las condiciones externas. También pensamos que el mundo alrededor de nosotros existe de la misma manera sólida. Sin embargo, ya sea que nos veamos a nosotros mismos, que veamos objetos grandes o pequeños, o que observemos las condiciones de la vida, no encontramos nada que cumpla esos criterios. Solo vemos cambio y transformación. Cuando aplicamos nuestra introspección al mundo que nos rodea, vemos nuestro mundo cotidiano bajo una nueva luz más brillante. Vemos que el mundo, también, está cambiando constantemente y carece de un núcleo sólido; él, también, es abierto, espacioso y carece de un yo. Ese es un atisbo genuino del vacío: el último y verdadero estado de la mente y de nuestro mundo.

Tratar el vacío como ordinario

Cuando hablamos de la ausencia del yo o del vacío, tendemos a filosofar; lo convertimos en algo tan profundo e importante que parece muy lejano. Transformamos algo que está en nuestras manos en una noción inverosímil. Pensamos en las historias antiguas sobre yoguis que volaban en el cielo y atravesaban paredes, y luego pensamos en lo confusos que estamos ahora mismo. Estas dos situaciones parecen estar separadas por muchos kilómetros. Nuestro problema es que asociamos la realización del vacío con individuos especiales que tienen capacidades extraordinarias. Sin embargo, si solo cambiamos un poco nuestra perspectiva, podemos convertirlo en un viaje personal.

Contémplalo como algo ordinario y trátalo de la misma manera en que tratas todo lo demás. La forma en que trabajas con el vacío no es diferente de como trabajas con cualquier otro concepto sobre el que reflexionas o analizas. Lo llegas a conocer del mismo modo en que llegas a conocer el sufrimiento y la impermanencia: pasando tiempo con él, viéndolo desde todos lados y dejando que te hable. Cuando te habla, no solo lo escuchas, sino que también lo sientes. Se vuelve tu experiencia personal. Puedes conocerlo leyendo libros y usando métodos especiales de lógica y razonamiento, no obstante, si no analizas el vacío, si solo tomas como un hecho lo que dicen los «expertos», entonces no es personal, y te resultará difícil entenderlo o traerlo a tu experiencia.

Cuando analizas cualquier cosa, debes masticarla igual que un chicle. Tienes que seguir masticando antes de probar todo su sabor. De igual modo, cuando pasas un rato examinando un momento real de experiencia, empiezas a tener una experiencia más rica de ello. Cuando analizas el vacío, por ejemplo, en vez de solo pensar sobre él, te puedes preguntar: «¿Dónde está el yo en este preciso momento? ¿Se encuentra en la sensación que estoy sintiendo en mi espalda mientras me siento aquí? ¿Está en el pensamiento que está apareciendo ante mi mente ahora?». Ve paso a paso, examinando cada experiencia de pensamiento, sensación o emoción hasta que realmente veas su cualidad carente de yo. De este modo, empezarás a saborear el vacío. Es este sabor lo que es importante porque nos inspira. Contrarresta nuestra resistencia al vacío y corrige nuestros malentendidos sobre él.

El vacío como completud y libertad

Como describí antes, la visión budista del vacío es diferente de nuestra comprensión usual del mundo. Sigo regresando a este tema porque toma tiempo y cierta experiencia de práctica desarrollar una asociación positiva con este concepto. Mientras solo tengamos un punto de referencia intelectual para él, el vacío suena como la nada, una condición de privación absoluta, que está muy alejada de la verdad. Sin embargo, si ese es nuestro pensamiento, es probable que llevemos estas ideas con nosotros a nuestra práctica y la infectemos con miedo. Esto no nos ayuda a soltar nuestro aferramiento para que seamos capaces de experimentar realmente su significado verdadero. No hay palabra en español que pueda representar y trasmitir por sí sola el significado de la experiencia del vacío. Pero por lo menos podemos empezar con un concepto positivo y no con uno negativo.

Los términos *vacío* y *ausencia de yo* buscan trasmitir un sentido de totalidad o completud, lo cual se experimenta en realidad como un sentido de apertura y espaciosidad. Así que este vacío no es como el vacío de una taza sin llenar, un cuarto sin nadie en él, o peor, un bolsillo vacío. No es como eso. Cuando tenemos una experiencia genuina del vacío, en realidad nos sentimos bien. Más que estar deprimidos o ansiosos, de pronto nos sentimos por completo despreocupados. Es como si estuviéramos amarrados fuertemente con una cuerda, y entonces llegara alguien y la cortara. Cuando somos liberados súbitamente de nuestro cautiverio, nos sentimos tan bien, nos sentimos más relajados y felices. De modo similar, hemos estado amarrados por la cuerda del aferramiento al yo durante un tiempo tan largo que, cuando cortamos esa cuerda, experimentamos un sentimiento de gozo puro al ser libres. No es un lugar vacuo donde todo mundo está desolado y gimiendo por algo; esa es nuestra vida ordinaria.

Seguiremos pasando por alto la realidad del vacío si nos mantenemos obsesionados con lo que pensamos que significa. Esta es la razón por la que es importante mantener una mente abierta y explorar la experiencia sin ninguna noción o juicio preconcebidos. No necesitamos tener una realización o experiencia completa del vacío para que este sea transformador; de hecho, se dice que tener incluso una sospecha de que el vacío es la naturaleza de las cosas atravesará la raíz de nuestra confusión. Así que tener incluso una duda mínima acerca de la validez de la realidad convencional es útil, al igual que lo es pensar «Tal vez la forma en que siempre me he visto a mí mismo no es el panorama completo; quizá todo no es tan sólido como parece». Incluso ese nivel de duda puede aflojar nuestra fijación y sacudir nuestra visión del mundo.

Es como un país gobernado por un dictador. Al principio, la gente quizá crea en esta persona y apoye sus ideales, pero en algún punto empiezan a cuestionarse qué es lo que realmente está tramando. Comienzan a desconfiar de sus motivos y se cuela la duda–en ese preciso momento, su influencia se debilita. Ya no tiene el poder completo para gobernar. Del mismo modo, cuando empezamos a dudar de la verdadera existencia de este ego o yo, nuestros patrones habituales y confusión no tienen la misma influencia sobre nosotros. Nuestra ignorancia y aferramiento al yo ya no pueden esclavizarnos de la manera que solían hacerlo. El equilibrio de poder cambia para siempre.

Pedir indicaciones

Una vez que nos hemos comprometido a recorrer este camino, debemos detenernos ocasionalmente y reflexionar sobre la travesía. ¿Seguimos en la ruta que nos trazamos o nos hemos extraviado? ¿Está funcionando el camino? ¿Nos hemos tropezado con algún obstáculo? Si bien necesitamos permanecer enfocados sobre donde nos encontramos y sobre lo que estamos haciendo en el presente, también hay que tener en mente la perspectiva más amplia: dónde empezamos y hacia dónde nos dirigimos. De ese modo, podemos juzgar dónde estamos.

Después de algún tiempo, ¿qué podemos esperar ver? Deberíamos experimentar menos sufrimiento, en especial en sus formas más intensas. Nuestras emociones deberían sosegarse hasta cierto grado, y no deberíamos estar por completo bajo el control de nuestros patrones habituales. De modo que, cuando nos detenemos a evaluar nuestro viaje, estas son las señales que debemos buscar. Si están ahí, nuestro camino va conforme a lo planeado. En general, debemos sentirnos más inquisitivos, conscientes, despiertos y alertas. Más allá de eso, una vez que hayamos vislumbrado el estado de la ausencia de yo, hay un sentido de que hemos cruzado el punto a partir del cual no hay vuelta atrás. Nunca podremos regresar a nuestra vieja manera de ver. Nuestras introspecciones sobre la manera en que la mente trabaja nos han dado una nueva perspectiva y una mayor confianza en nuestra habilidad para trabajar con nuestra mente. Es como el aire fresco que sopla a través de la ventana de un cuarto pequeño, invitándonos a disfrutar del fantástico exterior. Sin embargo, el camino no siempre es fácil o tranquilo.

Trampas y peligros

En cualquier viaje hay lugares donde el terreno puede hacer que tomemos una dirección equivocada. Aunque nuestro mapa sea preciso, nuestra motivación sea fuerte y muchos otros hayan recorrido este camino antes que nosotros, aún podemos encontrarnos dando vueltas en círculos o retrocediendo. Si sabemos dónde buscar las trampas y peligros y las bifurcaciones confusas en el camino, usualmente podemos evitar quedar varados o girar en la dirección equivocada.

Al principio, es necesario nuestro enfoque centrado en la meta de la liberación personal; sin embargo, si se lleva a los extremos, también puede conducir a una estrechez de mente y un sentido de claustrofobia. Cuando empezamos, es posible que solo estemos semiconscientes de nuestra confusión y algo embotados con respecto a nuestras experiencias de sufrimiento.

Pero a medida que avanzamos nos volvemos agudamente sensibles al dolor que nos produce nuestro sufrimiento. Mientras que sí necesitamos experimentar por completo nuestro dolor para estar motivados a liberarnos de él, nuestra conciencia creciente sobre la magnitud y persistencia del sufrimiento puede volverse abrumadora. Cuanto más sintamos nuestro dolor, más grande será el anhelo para renunciar a él y escapar de él; sin embargo, parece ineludible.

En ese punto, tenemos dos opciones: podemos descansar en nuestra experiencia o podemos descontrolarnos. Si perdemos el control, podríamos empezar a retraernos hacia una existencia cada vez más estrecha. Nuestro deseo intenso de evitar el contacto con cualquier cosa dolorosa podría ser tan grande que nos apartemos de todo, solo para descubrir que hemos quedado atrapados en un espacio muy pequeño. Es como entrar a rastras en un túnel estrecho y quedar atrapados dentro. Cuanto más ansiosos nos sintamos, más entramos en pánico, y mucho más difícil nos resulta recordar cómo llegamos ahí. Terminamos teniendo que llamar a los bomberos para que nos rescaten. Así que cuando nuestro sentido de la renunciación se vuelve demasiado extremo, de hecho produce más miedo y se convierte en una barrera para nuestra libertad.

También podemos perder el rumbo si malentendemos la ausencia de yo o el vacío. Cuando confundimos la realidad relativa con la realidad última o malinterpretamos la realidad última como algo que destruye al mundo convencional, caemos en la trampa de los nihilistas que no le ven sentido o propósito a la vida. Entonces nuestra visión del vacío está inspirada por la tristeza y la depresión, y se vuelve solo otra herramienta para cerrarlo todo. En vez de ver el mundo con gozo, lo vemos como desahuciado.

Si te quedas atorado en cualquiera de estos dos lugares, necesitas reconocerlo en vez de batallar durante mucho tiempo. Cuando lo reconozcas, aplica tu entrenamiento, haz preguntas, investiga, presta atención en todos los frentes. Nunca sabes de dónde vendrá tu liberación o en qué momento llegará. Si no puedes desatorarte por ti mismo, necesitas pedir ayuda a alguien que conozca muy bien este camino. Tomar esa decisión y pedir ayuda no implica dejar el asiento del conductor o ceder el control a otra persona. Es usar tu inteligencia.

Estos son solo dos ejemplos de cómo podemos perder nuestro camino. Podría ser algo más para ti, pues todos somos diferentes. Pero nunca dudes en pedir ayuda o indicaciones cuando estés en aprietos o perdido. El remedio más eficaz para la gama más amplia de obstáculos es la experiencia genuina del vacío. Pero algunas veces lo que necesitas es tomar un descanso y encontrar formas para relajar tu mente: salir con amigos, escuchar música, ver la tele o ir a tu restaurante favorito. Y a veces lo mejor que puedes hacer por ti mismo es ayudar a alguien más que esté necesitado.

Atorarse no siempre es algo malo. Es una experiencia que puede ofrecernos lecciones valiosas. Puedes advertir algo que no habrías logrado ver de otra manera. Esas experiencias no son nada que temer. Cada vez que te liberas, tu confianza crece. Sabes que puedes hacerlo; sabes por tu propia experiencia que hay un camino abierto al otro lado de cada escollo.

9. Más allá del yo

Una vez que tenemos una experiencia de la ausencia de yo, nuestra confianza crece. Cuando empieza a disolverse nuestro sentido sólido del yo, la frontera que separa al yo del otro también comienza a disolverse de manera natural. Descubrimos que ya no estamos al otro lado de un muro grueso, apartados del mundo. Cuando conectamos este sentido nuevo de apertura con nuestra dedicación original a la liberación personal, descubrimos que podemos ser partícipes plenos de la vida del mundo, incluso cuando dejamos atrás nuestra perspectiva aferrada al ego y centrada en el yo.

Ahora podemos ver que el viaje está transformando al viajero. Nuestro camino, en este punto, deja de ser un viaje hacia un destino que llamamos «liberación» y se convierte en una forma de vida. Ya no nos enfocamos exclusivamente en cómo salir de nuestro sufrimiento personal. Quizá nos llegue como una sorpresa, pero al estudiar nuestra mente descubrimos nuestro corazón; liberando nuestra mente, abrimos nuestro corazón; y nuestra visión de libertad se expande de manera natural para incluir a otros. En lugar de buscar protegernos de la confusión y el caos, empezamos a apreciar cómo esa confusión está llena de oportunidades para entrenar más nuestra mente. Las posibilidades son en realidad infinitas. Por esa razón, sentimos una sensación de deleite al estar en el mundo y trabajar con otros; nunca se vuelve cansado. Nuestra experiencia incipiente de la ausencia de yo abre la puerta a un nuevo sentido de aprecio hacia toda la gama de la experiencia humana.

Este sentido de deleite que viene junto con nuestro aprecio recién descubierto es básicamente un aspecto del deseo, lo que precisamente hemos estado trabajando mucho para superar. El problema con el deseo hasta este punto ha sido que siempre ha estado ligado al aferramiento y el interés propio. Cuando este aferramiento amaina, el deseo se transforma en energía que nos conecta con los demás. Sus cualidades –calidez, interés y entusiasmo– siguen presentes, pero ya no es tan ciego o impulsivo. Como no está interesado puramente en su propia gratificación, hay un potencial de generosidad, bondad y compasión. Esta expresión altruista del deseo es más gentil y abierta que nuestra versión neurótica de él. Así que el deseo ya no es un gran problema para nosotros.

Domar y entrenar la agresión

Después de trabajar con el deseo, a continuación hemos de trabajar con la agresión, que es uno de los estados mentales más destructivos y nuestro mayor problema ahora. Cuando pensamos en la agresión, normalmente pensamos en algo que es obviamente violento: una explosión de rabia en la que alguien está maldiciendo y pateando un cubo de basura. Eso, desde luego, es un nivel superficial de agresión que es fácil de identificar y controlar. Son más problemáticos nuestros niveles más profundos de agresión, ya que son más difíciles de ver y de trabajar. No obstante, una mente de rabia, ya sea aparente o escondida, siempre corta la comunicación y nos hace insensibles a los sentimientos de los demás. De modo que, cuando hablamos de agresión aquí, estamos hablando tanto de un estado mental subyacente que está teniendo lugar en nuestras mentes todo el tiempo, como de actos específicos, físicos o verbales, de enojo.

Existe una enorme cantidad de agresión pasiva en nuestra cultura. Puedes andar por el mundo con una actitud de hostilidad y reclamo sin levantar nunca tu voz o tu mano con enojo. Algunas veces se manifiesta como tu necesidad de demostrarle algo a alguien. Si una persona te dice alguna cosa que lastima tu orgullo o te intimida, entonces podrías sentir que tienes que repelerla de alguna manera. Si te dedicas a escribir sin parar largos correos electrónicos a esa persona para probar tu argumento, eso es agresión. No hay nada malo con querer ser claro, pero cuando te vuelves obsesivo explicándote a ti mismo, has entrado en el reino de la agresión. Eso te puede llevar hasta el enojo total, aunque al principio solo hubieras estado irritado.

Solo viendo nuestra agresión y trabajando con ella de manera consciente podemos abrir nuestros corazones. Y ese es ahora el propósito principal de nuestro camino. Ya no estamos solos, contemplando nuestro sufrimiento personal y trabajando para lograr nuestra libertad individual en privado. Una vez que hemos visto a través de nuestro aferramiento al yo, nuestros ojos se abren con mayor amplitud. No vemos solo el punto enfrente de nosotros que calma nuestra mente y brinda el descanso a nuestros pensamientos atareados, sino todo el camino hasta el horizonte. Ahora vemos la plenitud, la energía y el juego de un mundo enorme. Nos damos cuenta de que, sin renunciar a nuestra meta de liberación personal, podemos acercarnos a otros e incluirlos en nuestra aspiración de libertad y nuestro compromiso para alcanzarla. Así que de la misma manera en la que trabajamos con el deseo, ahora trabajamos con nuestro enojo, que aún está sin domar ni entrenar hasta cierto grado. Llevamos la atención plena y nuestra capacidad de darnos cuenta a nuestros pensamientos y sentimientos de enojo y a las formas mediante las cuales los representamos. También contemplamos nuestro enojo, lo analizamos y tratamos de ver cómo carece de un yo.

Existe una conexión directa entre la ausencia del yo y la compasión. Estas dos experiencias son las claves para el resto de nuestra jornada, y cada una se vuelve más poderosa cuando se fortalece la otra. Aunque podemos trabajar con ellas de forma separada, no podemos realmente separarlas, ni a los efectos que tienen sobre nosotros. Descubrimos que cuanto más abrimos nuestros corazones, más apreciamos nuestra propia mente, la confusión y todo. Y mientras más apreciamos nuestra mente, más apreciaremos también a los demás y la riqueza del mundo, la confusión y todo. Así es como encontramos gozo en nuestra vida diaria.

No es pan comido

Cuando hablamos de entrenamiento, nos referimos a entrenar al buda rebelde, que está con nosotros hasta que el buda aparece solo. Estamos en el proceso de despertar hasta que estamos despiertos, entonces no hay más proceso, no hay más jornada. Estamos donde queremos estar. Nuestro foco ha sido hasta ahora acumular conocimiento, desarrollar nuestra introspección y aplicar eso a nuestra vida. Así es como hemos estado entrenando nuestra mente, fortaleciendo su poder para liberarnos. Sin embargo, el buda rebelde no es todo mente y pensamiento claro. El buda rebelde tiene un gran corazón con deseos y pasiones propios: un deseo de libertad personal y una pasión por la libertad y felicidad de los demás. Ese corazón también necesita entrenamiento. Cuando esas pasiones e introspecciones se unen, vemos el mundo con una visión única. Hay oportunidades en todos lados para lograr los objetivos tanto de la mente como del corazón; de hecho, esas oportunidades son las mismas. Ya no hay ninguna razón para pensar en «mi camino espiritual» y «mi vida ordinaria» como espacios diferentes o separados. Se convierten en un camino, una forma de vida.

El entrenamiento por el que pasamos ahora es primordialmente entrenarnos para reducir nuestro egocentrismo (lo opuesto a la ausencia de yo). Así que trabajamos con métodos para soltar nuestro apego a pensar solo en nosotros mismos y en nuestro propio beneficio. Es como si hubiéramos sido hijos únicos durante un largo tiempo, pero ahora tenemos muchos hermanos y familiares de todo tipo y debemos aprender cómo compartir nuestros juguetes. La razón por la que no hemos sido capaces de compartir –sentir igual interés por la felicidad y libertad de los demás– es nuestra fijación en nosotros mismos. Hemos estado enfocados en «mí» durante tanto tiempo que no es fácil renunciar a esta orientación. No es pan comido. Sin embargo, nuestro entrenamiento previo ha afinado nuestra visión, de modo que podemos ver la posibilidad de soltar nuestra obsesión por nosotros mismos.

Ahora nuestro entrenamiento actual la hace incluso más aguda. Empezamos a ver la ausencia de yo dondequiera que miremos; no solo en nuestras mentes, sino también en las de otros y en el propio mundo. Todo pensamiento, toda emoción, todos los conceptos tienen la misma cualidad de apertura. Nada de ello es sólido. En vez de un mundo fijado por el pensamiento, sujetado por nuestras nociones de esto y aquello, vemos un mundo en juego, que cambia momento a momento. Esta manera de ver, llamada «ausencia de yo dual», ofrece una vista panorámica de la realidad última. La percepción de la ausencia de yo que se aplica solo a este «yo» es como mirar al océano desde la ventana de una linda casa en la playa. Ves el océano, pero solo una parte de él. Podría ser desde una distancia o desde cierto ángulo. Los agentes de bienes raíces y los gerentes de hoteles llaman a esto una «vista parcial del océano». En contraste, la experiencia del vacío dual es como estar parado en un precipicio en la montaña de Big Sur sin nada en ninguna dirección que obstruya o limite tu vista. Ves la extensión completa de océano, cielo y paisaje que se despliega ante ti. Esa es la diferencia entre la visión de la ausencia de yo individual y la ausencia de yo dual; una es parcial y la otra es completa.

El corazón altruista

Las dos cualidades que son marcas de nuestro viaje en este punto son una inmensa introspección sobre la ausencia del yo y una inmensa compasión. Y a pesar de que las dos son igualmente importantes, debemos tener un sentido fuerte de ausencia del yo para que nuestra compasión sea genuina. Sin ese conocimiento, nuestro deseo de ayudar a otros siempre está mezclado con el interés propio. Aun cuando hagamos buenas acciones, muchas veces tenemos una agenda oculta, como una expectativa de gratitud o el acatamiento de nuestras opiniones cuando damos regalos, consejos o un ofrecimiento de ayuda. Cuando podemos aproximarnos a la práctica de la compasión con algún conocimiento genuino sobre la ausencia del yo, nuestra actitud no estará particularmente orientada hacia una meta o no tendrá una agenda oculta. No vamos a estar dando vueltas intentando salvar personas, como si fuéramos a ganar una medalla de oro con la inscripción Liberador Número Uno por todo el trabajo que nos costó. Ese es un enfoque muy teísta, pero algunas veces incluso lo vemos en el budismo, en especial donde este ha sido influido por las tradiciones teístas. Pero aquí simplemente estamos en el mundo, aprendiendo a vivir una vida inspirada en la sabiduría y la compasión, tratando de ser tan útiles para los demás como podamos.

Podemos tomar la vida de Marpa, uno de los más grandes maestros del Tíbet, como un ejemplo. Era un excelente granjero y comerciante, un «yogui cabeza de familia» como quien dice. Aunque poseía el tesoro de las enseñanzas del Buda y el dominio de todas ellas, nunca salió a buscar estudiantes o a tratar de convertir a alguien. Los estudiantes que se acercaron a él tuvieron que pedir una y otra vez que les enseñara. Resultó difícil obtener ayuda de Marpa. Sin embargo, es una de las figuras más importantes y veneradas en el budismo tibetano, porque tuvo la gran sabiduría de saber con exactitud qué enseñanzas serían útiles para qué estudiantes. No les dio nada más. Así que sus enseñanzas siempre fueron eficaces y nada se desperdició.

Si pensamos que la visión budista sobre la práctica de la compasión es estar dando vueltas por el mundo para salvar a quienes no están iluminados, la estamos confundiendo con la visión de las sectas religiosas cuyos miembros tocan nuestras puertas, llevándonos la «buena palabra» justo a nuestros hogares. Están tratando de salvarnos de nuestros pecados, y ese es un gesto muy bondadoso. Pero esa no es la forma como debemos tratar de beneficiar a la gente; no estamos intentando salvar a nadie con nuestro pequeño viaje budista. Nuestro viaje o jornada espiritual aquí es simplemente llevar una forma de vida con inteligencia y compasión y beneficiar a la gente a través de la expresión natural de esas cualidades.

Ventanas de oportunidad

Antes de que podamos extender nuestra compasión a otros, primero tenemos que extenderla hacia nosotros mismos. ¿Cómo lo hacemos? Tenemos que observar nuestra propia mente y apreciar cómo nuestras expresiones neuróticas –nuestros pensamientos confusos y emociones perturbadoras– nos están ayudando a despertar. Nuestra agresión puede ayudarnos a desarrollar claridad y paciencia. Nuestra pasión puede ayudarnos a dejar ir los apegos y ser más generosos. Básicamente, una vez que vemos que esta mente de confusión es también nuestra mente de despertar, podemos apreciarla y tener confianza en nuestra capacidad para trabajar con ella. Después de todo es una buena mente, la mente que nos llevará a la iluminación. Cuando entendemos esto, podemos empezar a soltar nuestra actitud previa de repulsión hacia nuestras emociones.

Primero, consideramos nuestras emociones como negativas, como algo que superar; necesitábamos tranquilizarnos, calmarnos. Ahora vemos cómo la propia energía de las emociones enciende nuestra inteligencia y nos motiva a despertar, así que podemos apreciar cómo las emociones nos ayudan a ver más claramente. Empezamos a entender lo que nos han estado diciendo todo el tiempo. Hemos estado sentados escuchando a nuestra mente, dejándola hablar, conociendo a este desconocido, y ahora nos hemos conectado en otro nivel en nuestra conversación. No solo escuchamos las palabras de nuestra amiga, también sentimos la calidez o frescura de su temperatura emocional. Tenemos un intercambio más íntimo y franco porque la conexión y la confianza están ahí.

El enojo no consiste solo en disgustarse por algo. La pasión no es nada más el deseo de tener algo. No son únicamente patrones habituales o estados afligidos de la mente. Dentro de ellos, hay un ansia de claridad, un anhelo de conexión genuina, el deseo de libertad. En vez de ser «el enemigo», nuestras emociones son en realidad la cara del buda rebelde. No hemos visto su cara antes; no hemos visto cómo podría verse caminando por el mundo ordinario. Hasta ahora el buda rebelde ha sido la agudeza de la espada de nuestra inteligencia. Ahora vemos que el buda rebelde también es la suavidad de nuestro corazón. Es tan suave que nunca puede romperse por completo, lo que significa que también es resistente. En un sentido, nuestras emociones y pensamientos confusos están poniendo en escena su propia revolución de la mente todo el tiempo. Se están resistiendo a nuestro trato injusto y represivo. Están diciendo: «No congeles mi energía; no me cubras con etiquetas; no trates de mejorarme. Sé un poco más valiente. Mírame y acéptame por lo que soy en realidad. Te podrías sorprender».

Una vez que empezamos a reconocer el potencial positivo inherente a la confusión de la mente, podemos apreciar esta mente nuestra, en vez de verla solo como un problema. Si podemos mirar nuestra propia mente de manera más positiva, con este sentido de aprecio, entonces empezaremos a apreciar el mundo. Pero si no podemos apreciar nuestra propia neurosis, entonces no hay modo de apreciar el mundo, que está lleno de gente neurótica. Nos guste o no, este es nuestro mundo.

Así que el siguiente paso es apreciar la utilidad de las neurosis de otros. Su confusión, sus emociones, su sufrimiento también pueden despertarnos. Impactan en nuestra mente y tocan nuestro corazón a la vez. Si podemos relacionarnos de forma genuina con nuestra neurosis y sus neurosis al mismo tiempo, cada encuentro, cada intercambio se vuelve mutuamente liberador. Esta actitud es la clave para trabajar con otras personas. Es lo que lo hace posible y lo que nos da el deseo de hacerlo en primer lugar. Si miramos a los otros con un estado mental de juicio, sospecha o irritación antes incluso de hablarles, estamos cerrando nuestra ventana de oportunidad para trabajar con ellos. No hay mucho que podamos hacer en ese punto. Si no queremos tener nada que ver con la confusión y la gente neurótica, entonces podemos intentar escapar del mundo otra vez. Podemos ver si es posible huir de nuestra propia mente y de todas nuestras relaciones con los demás.

Podemos entrar en un retiro solitario, desde luego, y dejar atrás el caos y la confusión de Nueva York, Seattle o la Ciudad de México. Pero cuando estamos planeando nuestro retiro, nuestras acciones son algunas veces desconcertantes. Poco a poco, empezamos a traer más del mundo con nosotros. Tenemos que asegurarnos de que la cabaña para el retiro tenga conexión a internet para nuestro portátil. Tenemos que recordar llevar el cargador de nuestro teléfono celular, las barras energéticas y el agua vitaminada. Y sabemos que no es posible conseguir buen café una vez que estemos ahí, por lo que hemos de asegurarnos de empacar todas nuestras provisiones cafeteras. Quizá queramos llevar nuestra máquina portátil para hacer un exprés. Pronto nos estaremos llevando un Starbucks completo cuando supuestamente estamos tratando de escapar de todo. No importa cuánto esfuerzo hagamos para huir del mundo, siempre lo traemos con nosotros. Incluso si renunciáramos a todos estos artefactos materiales, llevaríamos el mundo con nosotros en la forma de nuestras vívidas memorias y proyecciones, conceptos y emociones, esperanzas y miedos. Nuestra pequeña cabaña para retiro en la naturaleza apenas tendrá capacidad para albergar esta vasta variedad de personajes. Y todos sus escenarios perturbarán nuestra paz y nos mantendrán despiertos por la noche, del mismo modo que las sirenas en la gran ciudad.

No importa cuán mal se vea o cuán horrible pueda sentirse a veces, esta mente que tenemos ahora es nuestra única esperanza para despertar. Es nuestro único activo, nuestro capital ahorrado. Es lo único que tenemos para afianzar nuestra libertad. Lo que sea que hayamos estado depositando en la cuenta bancaria de nuestra mente en el transcurso de nuestra vida ha estado generando intereses hasta el punto de hacernos bastante ricos con ello, sea lo que sea. Podemos estar guardando una cartera de enojo o celos, o podría estar más diversificada y mezclada con empatía y amor. Y así es para todos. Solo podemos encontrar la experiencia del despertar con esta mente que tenemos, aun con su riqueza de emociones neuróticas de todo tipo. Y solo podemos trabajar con otros conectándonos con las mentes que tienen, que serán igualmente ricas en confusión.

Anticipar gente neurótica
Si eres sincero en tu deseo de trabajar con otros, debes esperar gente neurótica y estar dispuesto a trabajar con su confusión. No debes esperar, al principio, conectarte con los demás solo basándote en su mente sana o despierta. Si únicamente estás buscando gente razonable y agradable a la que ayudar, aquellos con un claro sentido de ecuanimidad, sabiduría y compasión, no encontrarás muchas oportunidades. La gente que posee estas cualidades quizá no desee tu ayuda y es posible que no aprecie tu entusiasmo por salvarla. Cuando tienes una oportunidad para ayudar a otra persona, suele ser porque has encontrado una forma de conectarte con su confusión.

Podrías tropezarte con personas en la calle que suelan ser agresivas, que estén siempre bebidas o solo totalmente confusas de algún modo. O quizá te encuentres con estas personas de forma rutinaria en lugares más familiares: tu casa, oficina o en los puestos de mucho poder. Esos encuentros plantean siempre preguntas acerca de cómo conectarte con alguien de una manera que permita una comunicación genuina. Tienes que acercarte a cada persona individualmente. Como las personas son diferentes, no existe una forma única de relacionarse. Tienes que tratar de ver los hábitos particulares de pensamiento y emoción que dominan sus vidas, y apreciar su «firma» neurótica única. No puedes limitarte a intervenir y empezar a dar consejos. Necesitas ser prudente y examinar la situación, como Marpa, para ver qué es lo que ayudará. Ofrecer algo que te ayude a ti o que ayudó a tu tía María no tiene por qué serle útil a otra persona.

Cuando te das cuenta, por ejemplo, de que una mujer en tu oficina tiene problemas con el enojo y es difícil para todos tratar con ella, ¿qué haces? Primero, te percatas de que está atrapada en un patrón de confusión y que su confusión le provoca más dolor que el que te está provocando a ti, pues toca todas las partes de su vida. Tú solo estás lidiando con ello en la oficina. Segundo, recuerda que el enojo es un hábito y que incluso los hábitos arraigados son trabajables. Luego, con una mente abierta, busca alguna ventana de oportunidad para establecer una conexión personal. Es como encontrar un punto suave en un muro de agresión y ansiedad a través del cual puedes entrar al mundo de tu colega. Una vez que estás dentro de su mundo, puedes tener una conversación genuina. Hay más confianza, porque los dos sentís que estáis del mismo lado. Eso no significa que compartáis exactamente la misma perspectiva, sino solo que ambos podéis compartir de manera honesta vuestras perspectivas sin culpas ni etiquetas. Pase lo que pase, es un inicio.

Esto no implica de ninguna manera que, en nuestro camino, debamos asumir el papel del terapeuta o tratar de guiar a cualquiera a través de un proceso terapéutico, pero podemos ofrecer apoyo, entendimiento y bondad genuina sin juicio o expectativa. De esta manera, encontramos una mente perturbada por la agresión con una mente de claridad y compasión. Tal encuentro puede iniciar un cambio de perspectiva o de actitud, ya sea en el futuro cercano o distante.

Establecer y evitar conexiones significativas

Cuando estás tratando de comunicarte con alguien, las etiquetas que utilizan ambos para identificarse pueden ayudar o lastimar. Algunas son neutrales, como *libro*, *árbol* o *lápiz*. Otras etiquetas que podías considerar neutrales pueden en realidad estar cargadas de significado para el otro y transmitir un sentido de juicio. Además, la misma etiqueta proveniente de las bocas de diferentes personas puede tener significados por completo diferentes. Por ejemplo, si yo te dijera: «Yo soy una persona espiritual y tú eres una persona mundana», ¿qué pensarías? Y si tú me dijeras lo mismo a mí o a alguien en la calle, ¿qué querrías decir con ello?

A menudo etiquetamos de inmediato a las personas como pertenecientes al tipo espiritual o mundano. Es tan probable que la gente en la calle haga esto como los meditadores en las salas de meditación; además, las presentaciones culturalmente tradicionales del *dharma* pueden servir para apoyar este sentido de contraste. Sin embargo, tales distinciones tajantes en realidad cierran la ventana de oportunidad para comunicarse con otros. En el momento en que etiquetamos a alguien como *mundano* y ese alguien, a su vez, nos etiqueta como *espiritual*, nuestra comunicación se detiene justo ahí, junto con cualquier posibilidad de desarrollar una relación más profunda.

Evitamos esta distinción cuando nos relacionamos con nuestro camino simplemente como una forma de vida en vez de como un viaje para alcanzar cierta meta o estado de logro, donde vamos salvando personas a lo largo del recorrido. En vez de eso, nuestro camino se vuelve nuestra propia vida, y nuestra práctica consiste en relacionarnos con las situaciones cotidianas a medida que se manifiestan y se materializan en nuestras mentes y emociones y en las mentes y emociones de los demás. Cuando operas en tal nivel fundamental, existe un flujo natural de comunicación entre tú y tu mundo. Cuando hablas a tus vecinos utilizando el lenguaje y la experiencia de la vida cotidiana, te entenderán. Menciona el enojo, los celos o la pasión y tendrás un público interesado. Muchas personas estarían abiertas a escuchar cómo trabajas con estas emociones –y el resto de los siete pecados capitales– en tu vida.

Por otro lado, si dejas ese nivel y empiezas a hablar como un académico o un alto sacerdote, poca gente en la calle te entenderá o le interesará lo que estás diciendo. Puedes conectarte más directa y personalmente con otros si simplemente estás compartiendo experiencias comunes del trabajo con tu vida y no hablando en particular sobre la espiritualidad. Por ello en ocasiones es más fácil conectarte con la gente en los bares o fumando en la acera que con las personas en un salón de meditación. Si no me crees, observa a esas personas que te encuentras en las terminales de los aeropuertos repartiendo tratados religiosos y fotos de sus líderes sagrados; se les suele evitar como si fueran la peste.

Una conexión genuina con otra persona es una conexión de corazón. Podemos tocar otro corazón, otra vida, solo con nuestro propio corazón y nuestra propia vida. Quizá seamos los más beneficiados; nunca se sabe qué pasará o quién terminará liberando a quién. Cuando establecemos contacto, estamos ofreciendo soltar nuestras propias preconcepciones acerca de «quién soy», «quién eres» o lo que podría o debería suceder. Un encuentro de mentes o corazones nunca se trata solo de una persona; es como una reacción química, una alquimia que puede transformarnos.

Nada que perder

Nuestro aprecio de este mundo loco y confuso surge al darnos cuenta de que podemos despertar con la mente que tenemos en este preciso momento. Esta perspectiva más positiva hacia nuestros propios pensamientos y emociones no significa que nos dejemos llevar por nuestros patrones habituales, sino que hacemos el mejor uso de ellos. Cuando el enojo ataca, es posible usar su energía brillante para ver el patrón completo del enojo más claramente y cortarlo. Y todas nuestras experiencias pueden ayudar a activar nuestra introspección de la misma manera. A la larga, cortaremos de raíz la ignorancia. Descubrir que nuestra mente es trabajable es causa de gozo. Es lo que hace posible que amemos nuestro mundo tal como es. En lugar de esforzarnos tanto hacia una meta, podemos empezar a relajarnos y disfrutar el proceso.

Si lo único que la vida tuviera que ofrecer fuera un interminable ciclo de dolor y placer, entonces sí, vete a la cumbre de una montaña o entra a un monasterio y encuentra algo de paz mental. Después de todo, no queremos tener nuestro hogar en un campo de batalla o vivir todos los días en un manicomio. Podríamos disfrutar la locura y el drama de la condición humana viendo la televisión, pero en realidad no queremos que nuestra vida sea una película de acción, un melodrama o un *reality show*. Pero a pesar de todas nuestras quejas y juicios, en lugar de escapar del mundo, nos encontramos atraídos hacia su centro una y otra vez. Nuestra pasión por esta vida proviene de apreciar tanto sus desafíos como sus oportunidades, y también de darnos cuenta de que, al final, no tenemos nada que perder al abrir nuestro corazón. De todas maneras estamos atrapados aquí con esta mente, y no hay mucho que podamos hacer al respecto. No podemos tirarla y comprar un modelo actualizado.

Mientras sigamos atrapados en este mundo con esta mente, ¿por qué no hacer el mejor uso de ella? ¿Por qué no encontrar una forma de gozar, como cuando éramos niños y el maestro nos ponía en una sala de estudio? Sabíamos que no podíamos escapar, pero solíamos encontrar una forma de entretenernos. Incluso un pedazo de papel podía convertirse en un avión y llevar un mensaje por todo el salón, o bien podíamos iniciar con él un ataque aéreo contra el maestro. Ya sea que seamos niños pequeños en un monasterio con ganas de salir a jugar, adultos confinados en su celda en una prisión, ejecutivos en una reunión de consejo o astronautas orbitando la Tierra, todos estamos en el mismo bote. Mientras estemos aquí, más valdría que aprendiéramos del niño que alguna vez fuimos y nos volviéramos creativos.

10. El corazón altruista

A veces decimos que el mundo es grande, y otras veces que el mundo es pequeño. No importa cómo lo concibamos, sabemos que hay incontables personas en esta tierra y tantos tipos de sufrimiento como habitantes en el planeta. Ya sea que el sufrimiento provenga de fuera o de dentro, a menudo empeora por el sentido de aislamiento y soledad que trae consigo. El sufrimiento nos da la sensación de no tener amigos. Cuando abrimos nuestro corazón a otros, la magnitud de sufrimiento que encontramos puede ser abrumadora. Nuestro sentido de amor y compasión puede entrar en un estado de choque. Es útil, pues, recordar que algunas veces la medicina más poderosa que podemos ofrecer para el sufrimiento de cualquier tipo es simplemente la gentileza. Decir: «No estás solo. Te veo; te oigo; estoy contigo». Incluso si solo es por un momento o un día, ese sentido de conexión genuina puede cambiar la trayectoria de una vida. Ser genuino y amable es como un remedio de amplio espectro para el dolor que aflige el corazón. Brindar alimento, refugio y trabajo son aspectos importantes, y eso también debe hacerse siempre, tanto como sea posible. Si estás en posibilidades de dar algo de eso, no te detengas. No obstante, cada uno de nosotros tiene la posibilidad de ser genuino y bondadoso.

Para ofrecer esta bondad a otros, tenemos que aprender primero a ser gentiles con nosotros mismos. Entonces podemos acercarnos a los demás y extenderles la misma gentileza. De nuevo, querer ayudar a los demás no significa que tengamos la meta de salvarlos, en el sentido de ponerlos en el «rumbo correcto», según nuestra visión. Si hay alguna forma en la que podamos realmente salvar a alguien, es probable que siendo genuinos y gentiles sea la única manera. No vas a salvar a la gente empujándola hacia una meta que tienes en mente para ellos. Si estás impulsado por esta clase de motivación, entonces tus acciones son más las de un misionero religioso que las de un mejor amigo. Hay mucho egocentrismo en querer ser un salvador, además de que es una visión teísta. Podrías estar pensando: «Solo deseo salvar a Juan y a María de ellos mismos. No estoy tratando de salvar sus almas». En ese caso, podrías estar usando una etiqueta diferente, pero tu actitud y acciones son casi las mismas.

Podrías, en cambio, ser como un mejor amigo para los demás. Cuando tienes un mejor amigo, sabes que esa persona siempre tratará de estar ahí contigo cuando necesites ayuda. Tu amigo no anda tratando de convertirte o salvarte, solo te da apoyo y crea el ambiente que necesitas. Una relación puede salir mal cuando una persona trata de salvar a la otra. Podrías estar intentando rescatar a un amigo o a tu pareja de la tristeza, la depresión o sencillamente del infortunio de mantener las visiones políticas incorrectas; de cualquier manera, debes respetar la integridad de cada individuo y sus propias limitaciones de conocimiento. Por otra parte, en muchos casos, la gentileza es todo lo que puedes ofrecer, y todo lo que necesitas ofrecer. Un corazón cariñoso, bueno y gentil puede fundir las barreras que nos separan. Cuando sientes la calidad de la gentileza genuina en tu propio corazón y puedes extenderla hacia otra persona, entonces, aunque esa persona pueda estar en una situación de tristeza o dificultad, tu gentileza puede transmitir un sentido curativo de calidez y paz.

Nuestro sentido de aprecio por este mundo que nos trae tanto sufrimiento y tanto gozo es solo el principio de una aventura más grande. Una vez que el corazón y la mente se abren y se juntan para trabajar en conjunto, nos volvemos más audaces e intrépidos. Avanzamos en el camino que nos lleva de una perspectiva de aprecio a una que consiste solo en altruismo. No podemos hacer todo esto al mismo tiempo, desde luego. Es algo que desarrollamos trabajando paso a paso con nuestros hábitos. Si nos dedicamos al hábito de apreciar a los demás, entonces ese hábito se volverá más intenso. Si nos dedicamos también al hábito de mirar el mundo a través de los lentes de la ausencia de yo, ese hábito se volverá más intenso también. Juntos, estos hábitos transformarán una actitud de egocentrismo en un interés compasivo y desinteresado por los demás.

¿Son diferentes la compasión y el altruismo? Desde la perspectiva budista, son lo mismo. Técnicamente, sin embargo, el altruismo parece significar que nuestro sentido de compasión se expande hasta el punto donde nos consagramos al bienestar de los demás. Eso no significa que no nos cuidemos al mismo tiempo, pero en la práctica tendemos a pensar en lo que alguien más podría necesitar antes de pensar en nuestras propias necesidades y deseos. Si estamos comiendo con otros, de manera natural ofrecemos el platillo principal a cada persona antes de servirnos. Si estamos en una lista de espera para una operación, no tratamos de brincar al primer lugar. Si hay alguien con una necesidad más urgente que la nuestra, dejamos que se adelante. Cuando se trata de poder y de dinero, somos felices al verlo en las manos de cualquiera que lo use de manera sabia, para el bien de todos, ya sea que seamos nosotros mismos o alguien más. En otras palabras, el altruismo genuino viene de un estado de ecuanimidad. Estamos en paz con nosotros y contentos con lo que tenemos. Habiendo superado la fijación en nosotros mismos, estamos relajados y felices. Dar no implica un esfuerzo y es una fuente de gozo.

La aventura del amor

Aunque esto se ve bien en el papel, es también un poco inconcebible. ¿Son tales descripciones idealistas útiles si no conoces a nadie que esté a la altura? Quizá el punto sea que en ti mismo ves momentos de semejante compasión y de completa ausencia del yo. Tienes personas a las que amas incondicionalmente. Hay momentos cuando incluso te amas a ti mismo. Hay horas o días cuando te sientes en paz y tus acciones son gentiles y bondadosas. En este sentido, ya tienes un corazón altruista. No necesitas un corazón nuevo o mejor. Solo tienes que reconocer el corazón del que dispones y trabajar con él, creer en él y desafiarlo hasta que recupere su estado de poder total. Esa es la aventura que tu buda rebelde está feliz de emprender.

Esta semilla básica de compasión está presente todo el tiempo en las mentes de todos los seres, ya sean humanos, animales o cualquier otro tipo de criaturas que pueda haber allá afuera. No importa cuán horrible pueda ser una persona, esta semilla de compasión se manifestará de alguna forma en su vida. Sí, hay tiranos crueles y despiadados, pasados y presentes, que han sembrado el caos en el mundo y han causado un sufrimiento incalculable. Y hay personas que mercan cada día con la felicidad y el bienestar de sus familias y amigos a cambio de cierto grado de riqueza, poder o fama. Vemos a alguien así y pensamos: «Seguro que esta persona es un caso perdido». No vemos ni pizca de decencia, de integridad ni de honestidad en ella.

Así es cuán lejos podemos caer de la gracia, por así decirlo. Casi podemos perder la conexión con nuestra naturaleza despierta. No obstante, en la profundidad del corazón de incluso el más corrupto o primitivo de los seres, aún hay un sentido fundamental de compasión. Hay algo con lo cual conectarnos. Nadie es un caso perdido.

Hay una cualidad de suavidad, un potencial de gentileza, un sentido de vulnerabilidad que usualmente temen mostrar. Quizá sea que se enamoren o que tengan pasión por la música o el arte, pero siempre hay algo que revela una conexión con su humanidad. Incluso los más feroces animales depredadores que devoran a sus presas vivas alimentarán con ternura a sus propias crías.

Esta semilla de compasión, este sentido de apertura, dulzura y calidez es con lo que tenemos que conectarnos ahora. Cuanto más genuinos podamos ser, honestos con nosotros mismos y sin pretensiones o engaños en relación con los demás, más conscientes nos volveremos de toda la potencialidad que existe en torno nuestro. El mundo se vuelve más brillante, más sorprendente y fresco, e incluso más amable. En este camino, es natural enamorarse del mundo. A pesar de su sufrimiento y confusión vertiginosa, también es un mundo de gran belleza y poder que nos nutre y sustenta en muchos niveles. Por ello creamos arte y lo disfrutamos; por ello cantamos y bailamos, jugamos, contamos historias y nos preguntamos por qué cae una manzana de un árbol a cierta velocidad. Creamos problemas, sin duda, y después intentamos resolverlos, y a veces lo logramos. Somos una obra en curso.

La compasión o altruismo, entonces, no tiene que ver con ser perfecto o solo hacer el bien; se trata de este atrevido corazón que valora a los demás y a la vida misma. Quizá nunca salvemos al mundo, pero nuestras acciones sí ayudan de formas profundas porque surgen espontáneamente del amor. Esto podría sonar un poco romántico, puesto que tenemos esta idea de que el amor es ciego. Puede ser irracional e impráctico. Pero nuestro profundo sentimiento por el mundo también puede generar más despertar en vez de oscurecer nuestra visión y el poder de la razón. Cuando nos guía la inteligencia, nuestras acciones no son impulsivas. Una acción genuinamente espontánea es hábil, precisa y apropiada; toma en cuenta el contexto completo y enfila las situaciones en la dirección que deben ir. Sin importar nuestra intención, una acción no es en realidad compasiva si no ayuda.

Enamorarse en este sentido no es necesariamente fácil. Tendríamos que ser bastante estúpidos para no darnos cuenta de esto. Así que es mejor pensar acerca de cómo podemos llevar este corazón de compasión a nuestra vida de una manera práctica. Cada uno de nosotros tendrá una forma diferente de hacerlo. Lo que es mejor para mí puede ser diferente de lo que es mejor para ti. Este es un viaje interior muy personal. Estamos acercando cada vez más el corazón y la mente al estado de unión gozosa. Estamos cerrando la brecha entre lo espiritual y lo mundano, arriba y abajo, yo y el otro. Esta es la manera en la que transformamos nuestro camino de un problema por resolver o una meta que ha de ser alcanzada a una forma de vida genuinamente significativa y beneficiosa. Al mismo tiempo, no podemos tener la certeza de a quién o qué nos encontraremos a lo largo del camino, así que también es una aventura.

Solicitud para una beca

Imagina si nos acercáramos a alguien y le dijéramos: «En verdad me gustaría ayudarte, pero primero necesitas enmendarte un poco. Y también sería genial si fueras un poco más amable conmigo. Entonces, sí, creo que yo podría ser de mucha ayuda para ti». Quizá no digamos esto en voz alta efectivamente o ni siquiera seamos del todo conscientes de que lo pensamos, pero ese tipo de prerrequisito suele estar ahí. Ahí es donde yace nuestra confusión en términos de expandir nuestro corazón de compasión. Queremos ayudar a la gente, pero al mismo tiempo tenemos nuestros propios requerimientos que deben cumplirse primero. Es como solicitar una beca de una fundación benéfica. Hay páginas de prerrequisitos, condiciones, obligaciones que cumplir y promesas que mantener antes de conseguir el apoyo de la fundación. Esta no es en realidad la visión de la compasión de la que estamos hablando. La compasión aquí empieza con un sentido de aceptación. Es más como un apretón de manos que un acuerdo prenupcial. Nos encontramos y hacemos una conexión, y luego resolvemos los detalles sobre la marcha.

Encarar los desafíos del mundo real

Si fuéramos capaces de dejar a un lado nuestra lista de requerimientos y aceptar a los otros como son, podríamos encontrar una forma inteligente para conectarnos con su estado mental o emocional, y realmente ser útiles. Cuando alcanzamos ese punto, nuestra compasión es genuina; no es elaborada o especializada –reservada para algunos y negada a otros–. Conforme nuestra vida se halla cada vez más imbuida por esta visión altruista, nuestro camino y vida empiezan a cruzarse y a la larga se convierten en uno. Entonces hay poca distinción entre lo que llamamos nuestro camino espiritual y nuestra vida ordinaria. Cuando nuestros vecinos nos ven, no ven una figura religiosa, ni siquiera, necesariamente, una espiritual. No ven un ermitaño o monje que se adhiere a un código de conducta alejado de este mundo. Solo ven a un buen vecino. Cuando la vida y la práctica espiritual se mezclan de esta manera, entonces todo lo que encontramos en nuestra vida cotidiana puede ser parte de nuestra práctica. Nada necesita permanecer fuera de nuestra jornada.

Sin embargo, puesto que ya no hay un contraste nítido entre la vida y la práctica, ¿cómo sabemos si en realidad estamos practicando? Aquí estamos, en nuestra casa cómoda con nuestra pareja, niños, pequeño perro o gatito o lechoncito en el patio trasero. Así es básicamente como éramos antes de empezar nuestro viaje. Si fuéramos miembros de una comunidad monástica, por otro lado, estaríamos viviendo dentro de un ambiente señalado con un horario fijo y un código de conducta que constantemente nos recordaría nuestra intención de practicar. Todo estaría dispuesto claramente. Puesto que este no es nuestro caso, ¿cuál es la fuente de nuestra disciplina? Es la atención plena y la capacidad de darnos cuenta de las que hemos hablado antes. Como cabezas de familias, damos a nuestras mentes, no a nuestro estilo de vida, un sentido de disciplina. Así que cada persona debe contestar por sí misma la pregunta «¿realmente estamos practicando?».

Observas tu mente cuando despiertas por la mañana y descubres que no hay leche para tu café, está lloviendo de nuevo, el auto necesita gasolina y tus hijos tienen puestos los audífonos y rehúsan a hablar contigo. En ese momento, ¿dónde está tu ecuanimidad, tu compasión? Si necesitas recordatorios que te alentarán a practicar, puedes encontrarlos con facilidad en tu propia vida.

Como cabezas de familia, tenemos muchas más oportunidades de enfrentar los desafíos del mundo real que las que tienen los ermitaños o los renunciantes. El tiempo que dedicamos inicialmente a trabajar con nuestras propias mentes es la preparación para enfrentar esos desafíos, para poner nuestro entrenamiento mental en acción en el mundo. Por ejemplo, podríamos practicar trabajando con nuestras emociones en la meditación. Empezamos sentándonos tranquilamente y luego invitamos a nuestro enojo o nuestros celos a venir, de manera que podamos verlos y trabajar con ellos. Este tipo de entrenamiento es en extremo importante, aunque también es un poco como los ejercicios de campo o los juegos de guerra practicados en el ejército. A pesar de que nos proporciona las habilidades y estrategias básicas para reconocer y trabajar con nuestros estados emocionales, seguimos estando en un tipo de zona desmilitarizada donde estamos protegidos del fuego enemigo. Estamos seguros siempre que estemos en nuestro propio pequeño capullo. Eventualmente necesitamos salir del escondite para poner nuestras habilidades a prueba y ver lo que hemos aprendido. Tenemos que estar afuera, en un lugar abierto, y arriesgarnos a los peligros del enojo real, los celos reales y el deseo real para ir más allá de ser un aprendiz, un cadete budista. Es en la arena de tu propia vida donde te vuelves un guerrero y ganas tu libertad.

¿Cúan lejos estás dispuesto a llegar?

Una vez que unimos la práctica con la vida cotidiana, cada esquina de nuestro mundo nos ofrece una manera de explorar el estado despierto, ya sea que estemos en el salón de meditación o en la calle. Por lo tanto, tenemos que seguir examinando nuestras mentes, observando nuestras motivaciones en toda situación. Aunque no estamos tratando de «salvar» a las masas de la humanidad, haciendo uso de esas oportunidades diarias, nuestra vida entera se convierte en un camino hacia la libertad que contribuye a la libertad de otros al mismo tiempo.

Este corazón de compasión, noble y desinteresado, del que estamos hablando podría sonar extremo. ¿Renunciar a todo interés propio? ¿Dedicarnos por completo al bienestar de los demás? Y recuerda, estamos hablando de gente real, no solo de una abstracción de los «otros». Estas personas encantadoras o irritantes pueden vivir en la calle principal de un pueblo o en Wall Street. Podrían enterarse de las noticias a través de un canal de comedia o del Canal 11 o el 22. Podrían ser muy inteligentes y perspicaces o estúpidos e intolerables. ¿Cuán lejos estás dispuesto a ir a partir de tu línea basal de opinión y valores para abrirte hacia alguien que está confundido y sufriendo?

De hecho, la compasión no es un estado que fabriquemos con el fin de hacer buenas obras para el beneficio de alguien más. Es parte de nuestra naturaleza, nuestro ser fundamental, y cuando nos conectamos con esta naturaleza, nos enriquecemos y nos beneficiamos al menos tanto como la persona que es objeto de nuestra compasión y cuidado. Cuando estamos genuinamente comprometidos en un proceso de trabajar con otros, de forma automática estamos trabajando con nosotros mismos también. Así que cualquier momento que dediquemos a este proceso no se desperdicia, incluso desde el punto de vista de la libertad individual. Hay un dicho budista: «Ayudar a otros es la forma suprema de ayudarte a ti mismo». Justo cuando estamos en medio de tratar de aconsejar a otra persona, dándolo todo, tratando en verdad de ayudar ofreciendo nuestro mejor discernimiento sobre sus problemas, es entonces cuando podemos tener una introspección repentina acerca de un problema propio. A menudo es a través de nuestros esfuerzos para ayudar a otros en su confusión cuando podemos experimentar cierto tipo de liberación de nuestra confusión propia. El potencial para el beneficio mutuo siempre está ahí. Por esa razón, no debemos albergar la perspectiva de que nosotros somos los inteligentes y este pobre tipo confundido enfrente de nosotros no sabe nada. Al mismo tiempo, no esperes ningún resultado o recompensa particular de ningún lado. La compasión genuina, en pocas palabras, no es artificial.

Ausencia de miedo

La compasión puede evolucionar desde algo pequeño y específico hasta convertirse en algo tan vasto como el cielo. Podríamos empezar con un simple sentido de aprecio por una pieza de arte o nuestra mascota y encontrar que estamos abriendo nuestros corazones de manera gradual y apreciando más de nuestro mundo. Si no detenemos este proceso, entonces nuestro sentido de aprecio y empatía puede expandirse hasta abarcar el mundo entero y a cada una de las personas en él. Pero primero tenemos que estar dispuestos a abrir nuestro corazón. Esa misma disposición puede entonces evolucionar todo el camino hasta un estado de ausencia de miedo. ¿Por qué necesitamos trascender el miedo para ir adonde vamos? Porque cuando abrimos nuestro corazón, nos exponemos tal como somos ante el mundo. No abrimos nuestro corazón solo en privado, a puertas cerradas. Es un acto de valor ser quienes somos en cualquier situación, sin replegarnos detrás de una barrera. Aunque pueda sonar contradictorio, en realidad podemos ser vulnerables y trascender el miedo al mismo tiempo.

Este tipo de vulnerabilidad a veces se malentiende como debilidad, en lugar de una expresión de fortaleza. En términos ordinarios, estar abiertos podría significar que estamos sin defensas, en riesgo de ser atacados. Podría deducirse, entonces, que sin algún tipo de sistema defensivo establecido estamos invitando a los problemas. Esto está tan arraigado en nosotros que muchas veces reaccionamos a la defensiva incluso cuando no sabemos qué estamos protegiendo; podría tratarse solo de nuestra neurosis. Sin embargo, este escudo de defensa debe desmoronarse en el camino espiritual y la única forma en que en realidad hacemos eso es confiando en nosotros mismos. En este caso, confiar en nosotros mismos significa que no solo confiamos en que podemos trabajar efectivamente con nuestra propia neurosis, sino que también podemos trabajar con las neurosis que nos encontramos. Entonces el ambiente entero se vuelve trabajable. Cuando perdemos de vista esta perspectiva, entonces todo se siente opresivo y no hay un sentido real de apertura.

Trascender el miedo no significa que nos volvamos más agresivos, solidifiquemos nuestra fijación en nosotros mismos o aumentemos nuestra propia importancia. Simplemente quiere decir que estamos dispuestos a ser abiertos, genuinos y honestos con nosotros y los demás. Si podemos hacer eso, entonces no hay nada que temer. Si, sin embargo, estamos poniendo la fachada de ser una persona buena y servicial y ocultando una agenda de interés propio, habrá siempre una razón para escondernos y algo que temer. Mientras nuestras intenciones sean puras, mientras nuestra visión sea clara y mientras nos sustentemos sobre la base de la confianza, no hay nada de qué preocuparnos. Una vez que hayamos marcado esas casillas, solo necesitamos relajarnos.

Del proceso de despertar a estar despiertos: causa y resultado

En las culturas occidentales, podríamos decir que nos enamoramos con nuestro corazón y nos desenamoramos con nuestra cabeza. El corazón es para el sentimiento y la cabeza para el pensamiento racional, ¿verdad? Si ese es el caso, entonces hay dos asientos de poder dentro de nosotros que no siempre concuerdan. Sin embargo, desde la perspectiva budista, el verdadero asiento de la mente es el corazón, no el cerebro o la cabeza. La compasión y la conciencia clara están juntas de manera natural, y cuando nos conectamos con esta experiencia de una manera profunda y genuina, eso se describe como dar nacimiento al «corazón despierto» o la a «mente despierta». De cualquier forma, si decimos corazón o mente, significa la misma cosa. Es el ser despierto, la presencia pura que está abierta de manera natural, plenamente consciente, y amorosa sin condiciones. La cualidad de corazón despierto, como lo llamaremos, existe en forma de «semilla» en todas nuestras experiencias de la mente.

Lo que nos ayuda a transformar nuestro potencial de su forma de semilla al estado de florecimiento total es, como todo lo demás, una cuestión de causa y efecto. Si plantamos una semilla en un buen suelo, la regamos, nos aseguramos de que la luz solar le llegue, etcétera, la semilla madurará y a la larga producirá una planta plenamente desarrollada con flores y frutos. De la misma manera, hay causas que sostienen el pleno despertar de nuestro corazón. Una causa es algo que tiene el poder de producir un resultado específico, así que lo que queremos saber es: ¿cuáles son las causas que tienen un poder para despertarnos?

El Buda enseñó que la experiencia del corazón despierto puedegenerarse de cinco maneras:

- Apoyándote en amigos espirituales calificados.
- Cultivando las cualidades de gentileza amorosa y compasión.
- Aumentando tus acciones positivas.
- Estudiando las enseñanzas y refinando tu intelecto.
- Mezclando el conocimiento que obtienes a través del estudio con tu mente.[1]

Con excepción de la primera, hemos discutido las demás desde el principio. Básicamente, la prescripción es hacer el mejor uso de las oportunidades que tenemos en esta corta vida.

Ahora bien, puesto que es tradicional y recomendable tener algo llamado un «maestro», es momento de considerar este concepto, que se encuentra entre los más interesantes, malinterpretados y a veces controvertidos de entre todos los poderes transformadores del camino budista.

Existen diferentes tipos de maestros que puedes tener en distintas etapas de tu camino. Estos podrían ser personas diferentes o la misma persona desempeñando distintos papeles. Un tipo de maestro es el filósofo-erudito, alguien que puede instruirte en las enseñanzas básicas y los fundamentos del camino. Otro tipo es el maestro que actúa como tu guía y que te aconseja sobre cómo poner en práctica esos fundamentos. Cuando te topas con obstáculos, puede ayudarte a superarlos. También existe el maestro que es más como una «persona sabia», que te puede señalar la puerta de un conocimiento más profundo y mostrarte cómo cruzarla. De modo que el primer maestro equivale a un profesor de leyes, que es un teórico experto, que puede enseñarte las reglas básicas y explicar su historia y el razonamiento detrás de ellas. El segundo es como un abogado, que conoce cómo funciona la teoría en la vida real y no solo en los libros de texto. El tercero es semejante a un juez, el maestro más doloroso, pero el más necesario de todos, quien te señalará tus puntos débiles y te mantendrá honesto.

Estas son, desde luego, generalizaciones. Tu maestro podría aparecer en cualquier forma. Sin embargo, el Buda enseñó que el maestro último en el que debemos confiar es nuestra propia naturaleza de la mente. Pero hasta que conozcamos a ese maestro «interno» de una manera clara, los otros maestros pueden ayudarnos y evitar que convirtamos nuestra experiencia de la ausencia de yo otra vez en un ego sólido.

¿Quién es el maestro?

Estamos habituados a cierta forma de entender lo que significa *maestro*, debido a todas nuestras experiencias pasadas con escuelas y maestros –desde nuestro primer viaje al jardín de infancia hasta nuestros años en una universidad o una escuela vocacional–. Eso, sin embargo, no es en realidad el significado de la palabra utilizada por el Buda cuando introdujo por primera vez la idea de lo que llamamos «maestro». La palabra que usó significaba «amigo espiritual». Es importante reflexionar sobre lo que queremos decir hoy en día cuando decimos «maestro», en especial en un sentido espiritual. Esto tiene más consecuencias de las que podríamos imaginar, ya que, cuando se malinterpreta, la relación maestro-estudiante puede volverse muy pesada y algo deprimente.

En nuestro sistema educativo, podemos considerar a las maestras o los maestros de niños pequeños como cuidadores sustitutos, pero conforme los niños crecen física e intelectualmente, tendemos a mirar a estos profesionales con un respeto especial. Confiamos en que sean buenos conocedores de su campo y que sus motivaciones sean bondadosas. Cuanto más alto sea el nivel de escolaridad, más respeto estamos dispuestos a conceder a estas personas, pero al mismo tiempo podríamos ser menos capaces de relacionarnos con ellos desde la perspectiva de una base común. ¿Qué le dices a un profesor o profesora de astrofísica de alta energía o de la poética de Aristóteles? Podríamos sentir que existe un golfo insalvable entre nosotros y tal erudito, persona docta, cuyos pensamientos están ocupados por temas tan elevados. Este sentido de disparidad puede incluso ser más pronunciado en la arena espiritual, donde colocamos a las figuras «sagradas» sobre un pedestal, muy por encima de la esfera de los hombres y las mujeres ordinarios –casi hasta el punto en que los consideramos como un orden superior de seres–. En un momento dado, se vuelve imposible tender un puente sobre esa brecha. Entonces no hay la posibilidad de que ninguna de las dos partes se comunique de manera genuina. Cada persona tiene una posición y un papel reconocido y fijo en la relación: una es superior y la otra es inferior. Una lo sabe todo y la otra es un recipiente vacío, un suplicante, un mendigo de conocimiento, sabiduría y bendiciones.

En la ausencia de cualquier conexión real, la brecha entre el estudiante y el maestro se llena de proyecciones. El estudiante piensa: «Ah, a esta persona se le llama Maestro, así que debe tener una gran realización; quizá incluso esté iluminado», y cosas por el estilo. Proyectamos muchas ideas diferentes acerca del «maestro» sobre la personalidad humana de quien posee ese título. Y como sentimos que tales maestros poseen un conocimiento muy superior al nuestro, se convierten, en nuestra mente, en algo así como dioses. Estar en su presencia se vuelve intimidante y sentimos la necesidad de complacerlos, obedecerlos o halagarlos. Sin embargo, esta no es una expresión de respeto genuino y no es la intención original del Buda, que habló de un *amigo espiritual*, no de un maestro o alguien que enseña con rigor. A veces se oye a un estudiante decir: «Si hago esto o aquello, mi maestro se molestará». ¿Estás seguro? Piénsalo. Más allá de tu imaginación, ¿qué podría ocurrir? ¿En realidad conoces suficientemente bien a esa persona para predecir sus pensamientos y emociones? En cualquier caso, el propósito del camino espiritual no es complacer a ninguna persona individual; es liberarte de la ignorancia, convertirte por completo en quien eres. De modo que la complacencia es un concepto erróneo. En vez de ello, debemos examinarnos y darnos cuenta de nuestras motivaciones. Entonces podemos decir: «Sí, este es un curso de acción apropiado» o «No, si hago esto o aquello, voy a arruinar mi jornada espiritual y destruir mi visión de libertad». Esa es una manera más sensata de relacionarnos con estos pensamientos.

Debemos prestar atención a nuestro uso del lenguaje y a cómo afecta nuestra mente. Las palabras que estamos adaptando ahora en Occidente a partir de otras lenguas son puramente nuestra propia elección. Hemos elegido palabras como *instructor*, *maestro* y *gurú* como títulos para las personas a las que acudimos para que nos ayuden a entrenarnos y para recibir de ellos consejos espirituales. Pero el término budista original es *amigo espiritual*.

Un amigo espiritual auténtico debe tener dos cualidades principales. La primera es ser culto, tener tanto un conocimiento vasto de las enseñanzas budistas como una introspección profunda sobre su significado. La segunda es guardar una disciplina ética correcta, que es la base para sustentar todos los entrenamientos del camino budista. Esto es lo que debemos observar cuando busquemos a un maestro, o aliado, en nuestro camino. Puesto que estamos buscando solo estas dos cualidades, debería ser muy fácil encontrar a alguien así, ¿verdad? Solo lleva unos cuantos años, o vidas, desarrollar estas cualidades. Si somos lo suficientemente afortunados como para encontrar a tal amigo verdadero, él o ella podrían volverse una gran fuente de inspiración y guía para nosotros. Y el punto en que estamos listos para semejante relación parece señalar el momento en el que nos volvemos más serios con respecto a nuestro camino.

Este tipo de amistad puede marcar toda la diferencia en nuestra jornada espiritual. Nuestro maestro puede ser la primera persona hacia quien en verdad abrimos nuestro corazón, el primero con el que estamos dispuestos a ser totalmente honestos. Es una relación significativa que estamos haciendo con otro ser humano. Puede convertirse en nuestra entrada a un mundo más grande, nuestra introducción a lo que significa ver y abarcar de verdad todas las formas y dimensiones de la humanidad, incluyendo la nuestra. Debido a su importancia, necesitamos entender esta relación y hacerla real.

El maestro como director general

El amigo espiritual es una persona con la cual puedes tener una relación como amigo más que como una figura de autoridad, jefe o director general de tu organización. Puedes hablar de tu práctica y compartir tus experiencias en el camino con tu amigo, y él o ella pueden darte consejos prácticos, guía y apoyo para tu jornada. Necesitamos entender esto, porque francamente en la actualidad estamos perdiendo de vista este elemento en muchas de nuestras organizaciones budistas tibetanas. Especialmente en Occidente, necesitamos regresar al significado de la raíz original del «amigo espiritual» y generar esa cualidad.

Si observamos el desarrollo de muchas de nuestras organizaciones budistas en Occidente, podemos ver que están estructuradas y funcionan de manera muy semejante a las corporaciones. En algún sentido, este modelo ofrece muchas ventajas en términos de eficiencia y es incluso necesario en términos de relacionarnos con los reglamentos legales y financieros. Los días del budismo con mamá y papá prácticamente han quedado atrás. En muchos casos, esto significa que la cabeza, o presidente, de la organización será el maestro. En épocas anteriores, el maestro principal era el abad del monasterio, una situación paralela. Así que, además de la instrucción espiritual, hay un negocio del cual hacerse cargo, proyectos que administrar, conferencias telefónicas que convocar, directores que nombrar y voluntarios que coordinar. Es un campo fértil para la práctica de la atención plena y de la compasión, sin duda, pero este enfoque también tiene escollos que necesitamos evitar.

¿Tu maestro es ahora tu jefe, quien establece los tiempos límite para la entrega de los informes y presupuestos, o tu maestro es ahora un empleado de la organización, que debe generar ingresos a través de programas, embarcarse en viajes de buena voluntad y responder al consejo de directores? Si consideramos que nuestro amigo espiritual es como algún tipo de director general, entonces todo lo que necesitamos hacer es asegurarnos de que está haciendo ese trabajo. De otro modo, si la organización está perdiendo dinero o participación en el mercado, o no nos estamos iluminando, podemos despedirlo, como se despide al director general de una compañía con mal desempeño. En este escenario, el pedestal se ha convertido en un puesto ejecutivo y todas las conversaciones se vuelven informes de estatus o negociaciones. ¿Dónde está la cualidad de amistad en todo esto?

Los amigos no siempre hablan sobre negocios o problemas. Existe la necesidad para cierto sentido de espaciosidad, apertura y relajación. Cuando sales con un amigo a tomar un café, no empiezas de inmediato a negociar un contrato o a tratar de confirmar un horario. Solo vas a tomar café y a disfrutar de la compañía. O cuando sales a un bar, solo disfrutas de estar tomando algo con tu amigo. Cuando es momento de hablar de negocios, no hay duda de que debes hacerlo, pero tiene un principio y un final. Cuando la reunión termina, la dejas ir. Cuando es tiempo de discutir tu práctica y vida personal, sabes que tendrás la plena atención y el interés compasivo de tu amigo, pero cuando esa discusión acaba, también la sueltas.

Si no puedes soltar y sigues imponiendo tus asuntos o tu agenda personal sobre tu amigo veinticuatro horas al día los siete días de la semana, esa es una buena forma de perderlo. No hay un sentido de cercanía real; se trata solo de contratos, tratos y «ay de mí». En una relación sana con un amigo, no hablas exclusivamente de tus necesidades y problemas todo el tiempo. Ese tipo de enfoque egocéntrico hace que te salga el tiro por la culata. En vez de obtener apoyo y buenos consejos, tu amigo se frustra contigo y empieza a evitarte. Si lo llamas a su móvil o al teléfono de su casa, no hay respuesta; si le envías un correo electrónico, tampoco responde.

La calle de doble sentido

Es necesario que veamos lo que significa la amistad en cualquier nivel de la relación. La vida espiritual y la vida mundana no son antitéticas. El maestro y el amigo no son mundos aparte. No hay maestro que no sea un ser humano, que no tenga necesidades, que nunca sienta placer y dolor. Esto ha sido cierto desde el tiempo del Buda hasta el presente. Por lo tanto, como amigos, debemos ayudarnos el uno al otro tan sinceramente como podamos. Cuando tu amigo tiene alguna necesidad, entonces estás ahí, haciendo tu trabajo como amigo, ayudando a esa persona en cualquier cosa que puedas. La amistad no fluye solo en una dirección: es una calle de doble sentido. El bienestar de ambas personas está implicado.

Esta perspectiva hacia nuestro maestro como amigo debe venir del corazón y no estar elaborada. No es solo un pensamiento que estamos tratando de imponer. Si nos relacionamos mutuamente como amigos, podemos derrumbar las barreras entre nosotros. No hay necesidad de una brecha. Entonces el poder del amigo espiritual para ayudarnos a dar origen a un corazón despierto puede funcionar libremente. Hay un beneficio para el estudiante en la relación, ya que se puede depender del amigo espiritual para alimentar nuestro entendimiento y cualidades positivas. Él o ella también serán honestos señalándonos nuestros puntos ciegos y autoengaños. En resumen, puede decirse que el amigo espiritual es la causa más fundamental para el despertar de nuestro potencial, en el sentido de que nos guía en el camino, nos explica las enseñanzas y prácticas y es un modelo para nosotros de alguien que está preparado para ser del todo honesto y está dispuesto más allá del miedo a trabajar con la confusión de los demás.

Ya sea que veas a tu amigo todos los días o muy de vez en cuando, ese contacto puede ser tan íntimo e impactante que penetre directo al corazón. Una vez que has abierto la puerta e invitado a este personaje inusual a entrar, puede haber un momento de pánico cuando veas cómo todas tus preconcepciones salen volando por la ventana. Sin embargo, ahí estás, sintiéndote algo desnudo, algo receloso, algo intoxicado. ¿Es esta persona el buda perfecto que imaginaste o una persona enloquecida? O, en el peor de los casos, ¿tu amigo es alguien normal y corriente; es decir, nada especial en absoluto? Tenemos toda clase de pensamientos, lo que no es un problema particularmente. Nuestro amigo quizá incluso alimente nuestras dudas y sospechas hasta que vayamos más allá del frenesí de pensamientos hacia algo que reconozcamos como real o verdadero. Resulta que descubrir quién es nuestro amigo es una forma de descubrir quiénes somos nosotros. ¿Somos budas, somos locos o somos gente normal y corriente? Nuestro amigo sencillamente refleja nuestras esperanzas y miedos sin distorsión, hasta que llegamos a reconocer nuestra propia cara, nuestro propio corazón.

Mostrar respeto

¿Cómo debes actuar en la presencia de este amigo espiritual? Podrías seguir el ejemplo de otros: ponerte de pie, sentarte, inclinarte, postrarte, hablar o permanecer en silencio cuando otros lo hacen. Esa es una manera de aprender los protocolos tradicionales enseñados para mostrar respeto a los maestros y a las enseñanzas. Tales gestos son apropiados a veces, sobre todo si estás en el salón de meditación, donde se despliegan las imágenes de budas y los textos budistas y estás reunido con tu comunidad de compañeros practicantes. En ese caso, podrías sentir que están juntos dentro de un ambiente sagrado, y así, colocando tus manos en tu corazón, inclinas tu cabeza. No necesitas un manual para eso. Pero si te encuentras a tu maestro en público (en un Starbucks, por ejemplo), un hola o un apretón de manos es suficiente, a menos que desees mostrar tu respeto al establecimiento y sus dueños y tu fe en la bondad básica de su café y sus cruasanes.

Tu conducta en presencia de tu amigo espiritual no tiene que ser formal o complicada. Puedes presionarte para aprender todas las formas de respeto apropiadas, pero tus inclinaciones y postraciones no serán más que gestos vacíos, faltos de significado si no hay un sentimiento genuino detrás de ellos. Si sientes naturalmente un sentido de aprecio, afecto y confianza hacia tu amigo, entonces el respeto es algo que viene de forma automática. No tienes que construir tu respeto de manera intencional o preocuparte por apegarte a todas las formas tradicionales. Tu respeto será evidente de manera natural en tu presencia y en todas tus acciones. Ya sea que estés de pie u ofreciendo una simple inclinación, no faltará nada. Pero si no sientes un sentido de confianza o aprecio de forma natural, entonces quizá necesites los manuales de etiqueta, las «guías del idiota» para todo. Por otro lado, puedes relajarte, ser quien eres y ver qué sucede.

El Buda enseñó que tener un amigo espiritual te ayudará en tu viaje hacia la liberación. Cambia tu viaje y lo hace más poderoso y vívido. También lo vuelve más divertido. Ambos estáis juntos en el camino hacia la libertad. Ya sea que el territorio que estés atravesando te parezca familiar o extraño y nuevo, no estás encontrando tu camino solo; cuentas con una guía y un compañero en el cual puedes apoyarte. Cuanto más lejos vayas, más despierto te sentirás. Cuanto más despierto te encuentres, más sentirás que finalmente te estás convirtiendo en tu verdadero ser. Una vez que alcances ese punto, no hay marcha atrás. Al llegar más allá del yo, descubres el poder abrumador del amor y la compasión altruistas. La belleza está en todas partes porque la mente es bella. Eso es lo que llamamos el corazón despierto.

11. Lo que tienes en la boca

Hay un dicho tibetano que dice: «Lo que está en tu boca también está en tu mano». Describe a la gente que no solo habla, sino que pone sus palabras en acción. En Occidente, decimos que son personas que «hacen lo que dicen» o que «predican con el ejemplo».

Traemos la práctica de la compasión y la actitud del altruismo activamente a nuestra vida de dos formas. La primera es mediante el desarrollo de una intención fuerte y clara de hacerlo, que es como analizar durante un largo tiempo y después llegar a una conclusión. Sobre lo que estamos reflexionando en este caso es cuán seriamente y hasta dónde vamos a llevar esto. Es una gran pregunta. Si decidimos comprometernos con la práctica de la compasión y la actitud altruista, entonces hacemos que ese compromiso sea parte de nuestro ser; lo hacemos propio. Ese es el primer paso. El segundo paso es que empezamos a hacer lo que sea necesario para cumplir esa aspiración, que de otra manera queda solo en palabras. ¿Qué necesitamos hacer? Necesitamos despertar para poder ayudar a otros a despertar también. Resulta difícil para alguien que está dormido despertar a otro de su sueño, incluso si la otra persona está en la misma habitación con una terrible pesadilla.

El giro de la aspiración a la acción ocurre en nuestras actividades cotidianas. Empezamos a revertir algunos de nuestros hábitos egocéntricos y a sustituirlos con palabras y acciones que benefician a otros. Estas pueden ser cosas pequeñas, pero hay que empezar por alguna parte. No puedes solo esperar hasta que tus buenas intenciones se transformen por sí solas en acciones positivas. Si estás satisfecho con la creencia de que «algún día seré en verdad generoso y disciplinado y me volveré útil para los demás», eso es pensamiento mágico. En lugar de soñar con ese día, puedes poner tus palabras en práctica dando un paso tras otro, sin detenerte. A medida que cambias tu forma de pensar, cambiarán tus acciones, y a medida que cambias tus acciones, empezará a cambiar tu pensamiento, y así sucesivamente.

Sin embargo, no te responsabilices de algo que sea demasiado desafiante o ambicioso. Intenta algo que sepas que puedes hacer y hazlo lentamente. Irónicamente, es nuestro propio sentido de inspiración lo que algunas veces nos hace tropezar. Si te extralimitas y fracasas, entonces, ¿qué? Te arriesgas al desaliento y al colapso de tu visión completa. Podrías sentir que semejante corazón noble es demasiado para una persona ordinaria, y quedarías expuesto a aplicar esa lógica en todo el camino, diciéndote: «Ah, no, esto no es para mí», cuando, de hecho, el único problema fue tu torpeza en algunas de tus acciones.

No comas nada más grande que tu cabeza

Un día, estaba con algunos amigos en un restaurante en Asia, y un lama hambriento ordenó una hamburguesa grande. Sabía que iba a ser muy grande, pero cuando se la sirvieron, resultó ser enorme. Era gigantesca. No había visto nada igual. En ese momento, un occidental pasó por ahí y le dijo al lama: «¡No comas nada que sea más grande que tu cabeza!». De la misma manera, no intentes nada en el camino espiritual que sea demasiado para que lo manejes.

Puedes empezar tu práctica de compasión con tu familia y círculo de amigos, extender eso a los amigos de los amigos, y después continuar de manera gradual con cualquiera que te encuentres. Desde luego, debes mantener tu sentido de una visión más grande, pero en la práctica real, tiene que ser de uno a uno. Un simple acto de generosidad, por ejemplo, no erradicará la pobreza global. Si tienes cincuenta pesos, no solucionarás con ellos las necesidades de todo el mundo. Pero si hay un hombre frente a ti que realmente los necesita, puedes dárselos a él. Con ese dinero se podrá comprar una sopa y tú habrás contribuido a eliminar el hambre y el sentimiento de desesperación de una persona... al menos durante un rato. Ese es un acto de generosidad, y es la forma en que puedes practicar de un modo tanto personal como práctico.

Acción trascendente

El Buda fue conocido por dar enseñanzas que armonizaban con las actitudes, disposiciones e intereses de las personas que se reunían para escucharlo. Equiparaba sus instrucciones con las capacidades de su audiencia. Podemos tomar el estilo de enseñanza del Buda como ejemplo cuando tratamos de guiarnos respecto a cómo practicar la compasión. Podemos concentrarnos en cosas que correspondan a nuestros intereses, capacidades y recursos.

Practicar la compasión es muy ordinario en algún sentido. Estamos simplemente cultivando las cualidades que la mayoría de las sociedades reconocen como ser bueno y como signos de un carácter moral. No obstante, lo que estamos haciendo aquí es un poco diferente, porque estamos juntando «buenas acciones» con la visión de la ausencia de yo dual. Antes, cuando trabajamos con las diez acciones positivas, aún estábamos tratando de comprender nuestra propia ausencia de yo. Pero ahora nos aproximamos a lo que estamos haciendo con la perspectiva del corazón despierto. Digo *perspectiva* porque es algo hacia lo que estamos trabajando.

Al practicar con esta perspectiva, empiezas a cambiar tu percepción ordinaria de ti mismo y de los demás. Comienzas a sentirte menos como el centro del universo. Vas más allá del yo, y bajas tu escudo de defensa. Cuando haces contacto con alguien, estás completamente al descubierto. Puedes ser genuinamente quien eres sin ninguna agenda. Eso significa que no ves a la otra persona como una extensión de tu neurosis o como parte de tu importante proyecto de compasión. La otra persona está libre de etiquetas. Por lo tanto, tienes que tratarla como es en realidad.

Es importante recordar que no estás creando la ausencia de yo aquí. No estás tomando un yo sólido y efectuando la hazaña alquímica de convertirlo en vacío. Tú y yo carecemos naturalmente de un yo en este preciso momento, y al desarrollar la visión de la ausencia de yo, solo estás aprendiendo a actuar de acuerdo con tu verdadera naturaleza. Cuando puedes hacer eso muy bien, entonces reconoces que carecer de un yo es ser quien eres realmente. No es un nuevo tú, un nuevo otro o un nuevo mundo. Es tan solo un mundo abierto sin todas las fijaciones innecesarias que solemos imponer sobre él. Es naturalmente un mundo de libertad con recursos ilimitados de gentileza amorosa.

Cuando aplicas la visión del corazón despierto a la práctica de cualquier acción compasiva, esa práctica, esa acción, se vuelve pura. Esto quiere decir que está libre de que «tú» te aferres a ella y la conviertas en algo que tiene que ver solo contigo. En términos filosóficos más tradicionales, yo diría que está libre de fijación. Primero, sin embargo, tienes que ver con claridad tus apegos y fijaciones. Ver un apego de manera clara significa que no solo ves el apego en sí, sino también su cualidad momentánea. No es una sola cosa sólida y continua. Solo son momentos que se suman, si los dejas. Cuando recuerdas eso, puedes relajarte y soltar tu aferramiento. Eso es lo que hace posible dar de verdad, ser bondadoso de verdad, y ser un mejor amigo de verdad. La visión del corazón despierto se ajusta a todas tus prácticas. Es lo que hace que una acción ordinaria se vuelva una acción trascendente o carente de yo.

El método que usamos para transformar las acciones ordinarias en acciones trascendentes, es decir, los medios que usamos para cultivar el corazón despierto, se centran en seis actividades y los estados mentales que las acompañan. Nos hemos encontrado antes con algunas de ellas, pero en este caso estamos trabajando con las seis de una manera particular. Se trata de la generosidad, la disciplina, la paciencia, la diligencia, la meditación y el conocimiento superior. Cuando nos comprometemos a practicar estas actividades con la visión del corazón despierto, trascendemos pensar solo acerca de salir de la zona desmilitarizada; de hecho, lo hacemos. Ahí es donde vemos el valor de cómo nos hemos preparado y ponemos a prueba nuestras habilidades bajo el fuego del enojo real, los celos reales, el deseo real y el orgullo real. Al incluir a los demás en nuestra práctica, la situación se amplifica, ya que no estamos lidiando solamente con nuestra neurosis propia, sino también con las neurosis que nos llegan de otros.

Así que esto se convierte en una verdadera prueba de cuán serios somos y cuán lejos estamos dispuestos a ir. ¿Podemos mantenernos fieles a nuestra motivación altruista cuando nos ataca alguien a quien intentamos ayudar? Cuando nos sentimos vulnerables y expuestos al juicio de los demás, ¿volvemos a una estrategia de ataques preventivos? No es una gran batalla única a la que nos enfrentamos la que decidirá todo; son los encuentros más simples y comunes y corrientes en nuestra vida diaria los que ponen a prueba nuestro valor y disposición para abrir nuestro corazón sin miedo. Siempre existe la posibilidad de confiar en nuestra mente de buda rebelde para llevarnos más allá de nuestros instintos y titubeos ordinarios. Algunas veces tendremos éxito y otras fracasaremos, pero mientras sigamos regresando a nuestra intención original, esa es la esencia de la práctica trascendente.

Generosidad trascendente

En general, cuando le das algo a alguien, hay un sentido intenso de conciencia propia involucrada en el evento completo. Estás consciente de ti mismo como quien da, así como de tu acto de dar y de la experiencia de la persona que está recibiendo tu obsequio. Hay una gran cantidad de conceptos y apegos implicados en el acto simple de dar un presente. Hay un sentido de querer ser reconocido como quien da: «Esto es mío, y ahora te lo estoy dando a ti». No obstante, cuando aplicas la visión del corazón despierto a este proceso, la generosidad se vuelve una práctica de soltar todos esos conceptos. Eso posibilita dar en verdad, llevar a cabo un acto de generosidad auténtica, la cual está libre de yo.

El punto es no juzgar tus propias acciones o las de los demás. Cuando das, solo das. No tienes que preguntar: «¿Estoy dando de manera apropiada? ¿Estoy sintiendo los sentimientos correctos? ¿Estoy siendo una buena persona?». Todos estos «estoy» se vuelven un problema. La clave de la generosidad en su sentido trascendente es dar sin reserva, sin ningún tipo de conciencia propia o preocupación. Mientras que te justifiques a ti mismo o seas aprehensivo de las reacciones y opiniones de los demás, tu generosidad no es pura. Es la mente convencional de esperanza y miedo vestida de decencia. Por otro lado, si alguien a quien le has dado un regalo se vuelve crítico y llena su cabeza con todo tipo de pensamientos negativos acerca de tu regalo, ese no es tu problema. Tu problema es solo dar, y siempre que lo hagas con un corazón abierto y altruista, tu acto de generosidad se ha completado y es puro.

La generosidad trascendente es una disposición a estar abierto y hacer lo que sea necesario en el momento, sin ninguna justificación filosófica o religiosa. Al ver a alguien necesitado, estás dispuesto a compartir tu riqueza, felicidad o sabiduría, y también estás dispuesto a tener parte en el dolor de otros. Sin embargo, cuando das, necesitas hacerlo con la conciencia de que tu regalo será tanto apropiado como útil. Por ejemplo, no es un acto de generosidad dar dinero a una persona rica o alcohol a un niño. Tú das lo que puedes permitirte; no pones en peligro tu propia salud o bienestar. Al mismo tiempo, puedes dar lo que es valioso para ti, lo que te resulta difícil dar debido a tu apego a ello.

Otro tipo de generosidad es la protección contra el miedo. Lo haces cuando proporcionas ayuda física o mental a alguien que está ansioso o asustado. Podrías aliviar su miedo con tu sola presencia tranquila y siendo alguien con quien se puede hablar. O tal vez puedas proporcionar un refugio con calefacción a una persona que enfrente los rigores del frío en el invierno. Proteger a una persona o animal del daño en cualquier forma que puedas es la generosidad de la protección. También puedes brindar protección contra el miedo a la enfermedad proveyendo medicina o contra el miedo a la muerte dando compañía, cuidado y consejo espiritual.

Tales actos de apertura pueden ocurrir en cualquier parte (en medio de un concierto de rock, en un autobús o en una carnicería). ¿Quién sabe? Puedes aplicar esta visión de corazón despierto a todas tus interacciones con los demás, incluyéndote a ti mismo. Algunas veces nos hablamos a nosotros mismos como si fuéramos dos personas: «¡Eres tan idiota! ¿Cómo puedes ser tan estúpido?». Entonces ese «tú» se beneficiará de la misma gentileza y apertura que puedas ofrecer a cualquier otra persona. Nunca olvides ser generoso contigo mismo mientras trabajas tan intensamente para darte a los demás.

Disciplina trascendente

Para practicar la disciplina con la visión de corazón despierto, la clave radica en mantener un sentido de atención plena o mindfulness y la capacidad de darte cuenta de tus acciones y los efectos de esas acciones en los demás. Es importante prestar atención especial al enojo y la mala voluntad y detenerlos de inmediato. Cuando identificas el enojo en el instante en que aparece y lo sostienes con tu atención plena, es como el buda rebelde que intercepta un pase y evita que el equipo contrario –tus pensamientos e intenciones enojados– anote un *touchdown*. No permites que tu enojo llegue a la persona con quien estás enfadado o que se derrame sobre espectadores inocentes. Por lo menos, reduces su ímpetu, lo cual te da un momento para relajar tu mente obsesionada y regresar a un estado de apertura. En vez de la pelea que podrías haber empezado, puedes inyectar algo diferente –sentido del humor o una palabra gentil– en la situación. El cambio en tu perspectiva trae un sentido de alivio, no solo para ti, sino también para los demás. La práctica de la generosidad es útil en este caso, pues inspira en ti el deseo de dar felicidad y protección contra el daño. Cuando te abstienes del enojo, estás protegiendo a los demás no solo de tu propio enojo, sino también de que ellos se queden atrapados en el suyo. De este modo, practicas la generosidad y la disciplina al mismo tiempo.

Paciencia trascendente

Solemos considerar la paciencia como capacidad de soportar. Estamos dispuestos a soportar cierta cantidad de frustración o dolor en nuestra vida. Sin embargo, cuando practicas la paciencia con la perspectiva del corazón despierto, llegas más allá de la actitud de mostrar tesón ante la adversidad o de «poner al mal tiempo buena cara». Tener paciencia también podría significar que no reacciones impulsivamente. En vez de ello, muestras curiosidad acerca de lo que pasa y te tomas el tiempo para ver con claridad la situación. Si la gente está culpándote de sus problemas, te tomas el tiempo para sentir su frustración y ver cómo están sufriendo debido a sus propias decepciones y desaliento. Entonces, en lugar de sentir resentimiento, puedes ofrecer comprensión y ánimo. La diferencia radica en que tu primer pensamiento no es cuán insultado te sientes o cuán injustamente te están tratando. Es una voz de conexión con el dolor que te está tocando a ti y a los demás igualmente y el pensamiento de cómo aliviarlo. Cuando tu paciencia se pone a prueba, necesitas recordar tu disciplina de atención plena para calmar tu impaciencia y ayudarte a ver todos los elementos que están en juego en lo que estás enfrentando.

Otro aspecto de la paciencia es no desalentarte cuando tratas de ayudar a alguien y tus esfuerzos no se aprecian. Le prestas a tu

cuñado mil pesos y él se queja de que no sean dos mil. Le das instrucción de meditación a un amigo y la siguiente semana te desaira
porque no se ha iluminado todavía. Necesitamos paciencia, también,
en nuestra práctica de meditación cuando experimentamos incomodi-
dades físicas o psicológicas. Podría ser que te doliera la rodilla o que
quieras ver el nuevo episodio de tu programa de televisión favorito
o revisar tu computadora buscando el correo electrónico «urgente»
que estás esperando. O tal vez sea un poco más significativo: la
inquietud que podrías sentir cuando te enfrentas a las realidades
profundas de la ausencia del yo. Cuando estás en riesgo de perder
tu equilibrio o inspiración, la paciencia ayuda a mantener una mente
estable, positiva y abierta.

Diligencia trascendente

En general, equiparamos la diligencia con una gran cantidad de esfuerzo. Por un lado, existe un sentido de esfuerzo físico o mental.
Por otro, hay un sentido de ser un chico o una chica buena y apli-
cada: estamos trabajando duro hacia una meta y no debemos cejar
en nuestro empeño. Pero ser diligente en nuestro camino espiritual
no significa que estemos meditando por horas, aspirando el salón de
meditación y sirviendo comida en el albergue de personas sin hogar
todo el día. Diligencia trascendente significa que tomamos cualquier
oportunidad que tengamos para practicar, y hacemos esas prácticas
con un sentido de aprecio y deleite. En este sentido, la diligencia es
energía, el poder que hace que todo suceda. Es como el viento, una
fuerza motora que nos permite seguir adelante en el camino. ¿De
dónde viene esta energía? Del gozo y la satisfacción que experimentamos a medida que avanzamos en nuestro camino.

El obstáculo primario de la diligencia es, desde luego, la pereza, la ausencia de energía. Un problema con la pereza es que consume mucho tiempo. Piensa cuánto tiempo se necesita para tomártela con calma o desconectarte. El problema con actividades como ir a la playa o pasar el rato no es que sean negativas, es nuestro apego a ellas. La pereza también se presenta de otras maneras. Podemos estar apegados a ideas malas o a malos amigos, o nos podemos decir que no tenemos lo que se necesita para estar en este camino. También podemos estar atorados en la pereza meramente manteniéndonos muy ocupados todo el tiempo y sin encontrar nunca tiempo para nuestra práctica. Así que, al principio, se requiere cierto esfuerzo ordinario.

Pero cuando rompemos nuestros hábitos solo un poco, empezamos a sentir la brisa creciente del deleite. Conforme se hace más fuerte, estamos tan inspirados que, sin importar lo que ocurra, no perdemos en ningún momento nuestro sentido de aprecio o entusiasmo por nuestro camino. Entonces lo que sea que hagamos se vuelve tan fácil como navegar en mar abierto. El esfuerzo de alejarse de la costa y verse impulsado por el viento ya se ha realizado. Todo lo que queda por hacer es mantener nuestra mano en el timón.

Meditación trascendente

La práctica de la meditación aquí no es muy diferente de nuestras prácticas anteriores de morar en calma y visión clara, que incrementan con seguridad el poder de nuestra concentración y la agudeza de nuestro intelecto. Puesto que ya hemos discutido estos métodos con cierto detalle, no es necesario describirlos de nuevo. Sin embargo, cuando llevas la actitud del corazón despierto a tu práctica de meditación, el poder de tu práctica se intensifica.

Cuando observas tu mente ahora, no es como solo pasar el rato con un amigo nuevo en un café, beber té de manzanilla y escuchar las historias mutuas. Ya has hecho eso. Te has hecho amigo de tu mente y ahora estás listo para ver más allá del nivel de pensamientos y emociones hacia la verdadera naturaleza de la mente.

Cuando alcanzas este punto, puedes pedirle a tu amigo espiritual instrucciones especiales de meditación sobre cómo observar tu mente directamente. Es como ir a la barra de una cafetería y decir que estás listo para algo un poco más fuerte, un moca o un *macchiato* grande, algo que en realidad te despertará. Al igual que el impulso que obtienes de un café exprés, las instrucciones que recibes de tu amigo espiritual vigorizan y despiertan tu práctica de meditación. Empiezas a ver lo que nunca has visto antes: la conciencia transparente y radiante que es la verdadera naturaleza de la mente. Cuando reconoces tu propia conciencia en este nivel de meditación, es como si despertaras de un sueño. Antes, te engañaron las apariencias del sueño creadas por tus pensamientos habituales. A medida que estos empiezan a disolverse, te das cuenta de que: «Ah, eso solo fue un sueño. Ahora estoy despierto».

La práctica de la meditación, en este sentido, es una forma de adentrarte más en el espacio de la apertura y el gozo que has empezado a descubrir. Es como despiertas a la brillante claridad y la conciencia panorámica de la experiencia del vacío. A la larga, alcanzas un punto donde puedes sintonizarte con un estado de atención plena en cualquier parte o en cualquier momento. No tienes que estar sentado recto sobre un cojín. Podrías estar trabajando con tu computadora, recogiendo a los niños de la escuela o sentado en la cama al lado de un amigo enfermo. En ese punto, salvo por tu atención plena, todo lo que necesitas traer a cualquier situación es el pensamiento de la compasión.

Conocimiento trascendente

El conocimiento trascendente no es tanto una práctica como un resultado de todas nuestras prácticas previas. Lo que llegamos a conocer en este punto es la realidad de la ausencia del yo dual o el vacío. Cuando esta realización se manifiesta, surge sin conceptos o palabras. Es algo que conocemos directamente, de manera personal. Al principio hay atisbos del vacío, luego experiencias que vienen y van; finalmente tenemos la experiencia completa. Entendemos lo que significan el ahora, la apertura y todo lo demás. Es el momento en que cualquier inquietud o miedo que hayamos tenido acerca de la ausencia de yo, o el vacío, se calman. Es una experiencia de ligereza y libertad, gozo y amor ilimitado. Es absoluta: absolutamente presente, absolutamente clara y absolutamente completa. Esta experiencia más panorámica del vacío o la vacuidad se llama «vacío con un corazón de compasión». Las cinco prácticas trascendentes previas son las que nos preparan para tener la experiencia del vacío. A través de ellas, aprendemos a soltar la fijación y desarrollamos un fuerte corazón de compasión. Pero es la práctica de la meditación la que tiene mayor influencia. Es la causa más directa de la visión superior que lleva a esta introspección. Es el espacio en el cual el entendimiento ocurre sin pensamientos o palabras.

Cuando alcanzamos el nivel de realización, no queda espacio para el ego o las visiones y acciones egocéntricas. Estamos por entero libres del yo, aunque al mismo tiempo nuestro ser completo es compasión. Podríamos verla de un lado o de otro, vacío o compasión, y no habría mucha diferencia. ¿El agua es fluida o húmeda? ¿El fuego es brillante o caliente? Como una persona muda que prueba el azúcar por primera vez, estamos llenos de un conocimiento inexpresable a través de palabras o señas. Cuando alcanzamos este estado, esa es la experiencia última, y es momento de despertar.

¿Ya llegamos?

Este es un buen momento para preguntar: «¿Qué ocurre con nuestra jornada espiritual cuando vamos bien, cuando estamos más o menos felices y satisfechos con nuestra vida?». Nos hemos sacado a nosotros mismos de las profundidades de nuestro sufrimiento. Nuestras mentes están bien entrenadas y estables. Estamos libres del calor de nuestras emociones que nos marchita. Hemos practicado todas las virtudes y nuestros corazones están abiertos. Sentimos que estamos a salvo. Tenemos la confianza de que si seguimos caminando recto, llegaremos a nuestro destino. Aun así, ya no hay ninguna prisa particular, porque ahora estamos disfrutando del viaje.

Hay un viejo refrán que dice: «Del plato a la boca se cae la sopa». Esto significa que, aun cuando estemos sosteniendo la cuchara con nuestra mano, algo puede pasar antes de que probemos la sopa. Pensamos: «Voy a saborear esta deliciosa sopa», y entonces nos distraemos, se nos cae la cuchara y todo se acaba. Así que, aunque estemos cerca, aún no hemos llegado.

Como los héroes y heroínas de los cuentos y como el propio Buda, las pruebas más grandes muchas veces vienen hacia el final de nuestra jornada. ¿Qué es lo que ponen a prueba? Nuestra autenticidad. ¿Somos quienes pensamos que somos? Si no, el malentendido y el apego pueden regresar inadvertidamente, en una forma o en otra. Cuando eso sucede, perdemos nuestra visión del vacío y creamos más conceptos. Entonces simplemente acabamos con otra versión del yo, una más refinada y difícil de ver. Podemos engañarnos porque tenemos un concepto tan fuerte del vacío y el hábito de etiquetar todo como carente de un yo. Pero incluso un concepto correcto o un entendimiento intelectual no es lo mismo que la realización. De hecho, son los logros que sí tenemos los que pueden convertirse en la base del ego espiritual, que se manifiesta como orgullo y aferramiento a nuestro yo «bueno».

En nuestros días buenos, podemos tener experiencias excelentes del vacío. Nos sentimos alegres, con un sentido de significado y propósito. En nuestros días malos, el vacío apesta. Tenemos todo tipo de dudas y pensamos: «Son puras patrañas. ¿De qué está hablando mi maestro? El vacío, ¿qué es tan vacío en él? Es tan real que lastima». Esos tipos de fluctuación en nuestra experiencia son lo que llamamos experiencias inestables. En cierto sentido, no son confiables. Si las usamos de manera apropiada, sin embargo, contribuyen a nuestro entendimiento y nos indican la dirección correcta. Un descubrimiento o experiencia positiva puede ser inspiradora e importante para nuestro desarrollo, pero hay muchas historias sobre cómo grandes meditadores fueron engañados por signos tempranos de iluminación que tomaron como la experiencia verdadera.

Una vez hubo un meditador muy bueno en el Tíbet. Estaba practicando la meditación del vacío en una cueva. En un momento, descansó su mano sobre el suelo rocoso de la cueva, y al final de su sesión, se dio cuenta de que su mano había dejado una impresión en la roca. En el Tíbet, esta es una señal famosa de realización, y él se asombró por su propio logro. Pensó: «Ah, ahora he alcanzado la realización del vacío». Luego pensó: «Si pudiera hacer esto frente a mis estudiantes, sería incluso mejor. ¡Se sorprenderían tanto!». Así que la siguiente vez que reunió a sus estudiantes meditaron en la cueva durante un rato. Al final de la sesión, con la intención de dejar una impresión, golpeó tan fuerte la roca con la mano que cuando la levantó tenía la palma enrojecida.

Es posible tener experiencias que son como los signos de la realización, pero que solo son temporales. Es bueno tenerlas, pero si nos apegamos a ellas y las vemos como reales, podemos engañarnos, como les ha sucedido a muchos meditadores en el pasado. Por lo tanto, primero desarrollamos la experiencia del vacío; después, sin apegarnos a ello, podemos estabilizarlo de manera gradual y hasta llegar a la realización plena. El apego a las experiencias es lo que evita que sigamos adelante. Así que depende de nosotros si queremos quedarnos atascados con una pequeña experiencia de sentirnos muy bien o avanzar hacia el despertar completo. En cuanto a lo que concierne al camino, siempre hay necesidad de ir más allá de las chispas que se encienden antes de que una experiencia empiece a resplandecer. Es como tratar de prender una fogata sin cerillas y tener que usar, por ejemplo, piedras. Al principio cuando las frotas, obtienes muchas chispas. Si te quedas fascinado por las chispas, podrías seguir frotando las piedras y decir: «¡Vaya! ¡Mira eso!». Las chispas son hermosas, desde luego, pero nunca lograrás que hierva tu té si te quedas en el nivel de «¡Vaya!». Del mismo modo, si te quedas fascinado por los destellos de introspección y los atisbos del vacío, la realización nunca prenderá en ti. No hay la sensación de profundizar en tus experiencias y el fuego nunca llega.

Incluso el conocimiento que tenemos puede tornarse de nuevo la causa de aferramiento cuando nos volvemos engreídos respecto a él. «Mira todo lo que sé; mucho más que una persona común». Nos sentimos algo vanidosos y orgullosos. Es difícil soltar porque nos sentimos bien, y en realidad no le hacemos daño a nadie, ¿cierto? Todos tenemos momentos de orgullo ordinario en nuestro camino, y debemos estar orgullosos de nuestros logros. Mientras estés dispuesto a soltar tu orgullo, puedes usar tus logros como inspiración para seguir adelante. Pero si no lo sueltas, entonces el ego comienza a construir de nuevo su casa espiritual, añadiendo un segundo piso, una sala de juegos, una alberca, creando un pequeño paraíso que no querrás dejar.

Una forma de evitar quedarnos atorados es no seguir hablando de tus experiencias, ni contigo mismo ni con los demás. Es útil discutirlas con tu amigo espiritual o compartirlas con unos cuantos compañeros confiables de meditación una vez, quizá dos, pero no más. La forma más común de quedarnos atorados es volviendo a ellas constantemente en tus procesos de pensamiento. Así que es necesario que te esfuerces en un punto determinado si quieres seguir adelante, si estás listo no solo para practicar buenas acciones, sino también para dar origen a esta cosa llamada vacuidad con un corazón de compasión.

El apego a la virtud es un agente de aferramiento igualmente poderoso. Cuando nuestra mente está tan profundamente arraigada en un concepto de virtud, soltar nuestra identidad de «buena persona» puede resultar problemático. Todo nuestro camino hasta ahora nos ha llevado hasta el punto de ser buenos –de hecho, excepcionalmente buenos–. En este mundo de confusión y conflicto, nos hemos vuelto pensadores positivos y solucionadores de problemas profesionales sin esperar recompensa o reconocimiento para nosotros. El peligro aquí es que nos apeguemos tanto a nuestra práctica de virtud que la identifiquemos con quienes somos. Cuando nuestra compasión se desvía de su conexión con el vacío, acabamos con otra identidad dualista y sólida, y nuestra virtud se vuelve una bondad convencional. Este tipo de virtud aún puede producir algún bien en el mundo, pero tiene límites. La meta de este camino es la compasión ilimitada, una moralidad que ve más allá de las etiquetas.

Otra trampa es volvernos complacientes. Podemos llegar a sentirnos demasiado cómodos con nuestra neurosis. Estamos tan familiarizados con ella que los problemas que implica no parecen tan malos. Terminamos siendo demasiado pusilánimes para salir de nuestro lugar cómodo y seguro y lidiar con nuestro apego básico y nuestros valores dualistas. La idea de un camino que nos llevará hasta la liberación suena bien. Es una idea muy romántica. Podemos leer acerca de las vidas de figuras históricas como el gran yogui indio Tilopa y su estudiante Naropa y decir: «Vaya, eso es hermoso. Ojalá tuviera un maestro como ese». Eso es fácil de decir cuando estás en tu linda cama rodeado de almohadas cómodas, con una lámpara de lectura que puedes ajustar de manera que la luz caiga perfectamente sobre la página, y al lado de la lámpara una cerveza fría. La gente suele decirme cuán inspiradoras son esas historias tradicionales. Curiosamente, muchas de ellas describen cómo los estudiantes vivieron adversidades físicas casi insufribles y lo que hoy en día podríamos llamar tortura psicológica a manos de sus maestros. Aun así, quisiéramos estar siguiendo a una de estas figuras iluminadas, que imaginamos podría despertarnos con un mero chasquido de los dedos. Pero lo que en realidad estamos diciendo es que quisiéramos despertar solo leyendo sobre ello. En realidad no queremos emprender el trabajo duro o las presiones psicológicas que alguien como Naropa atravesó para alcanzar su libertad.

En algún punto, realmente necesitamos saltar de nuestro espacio cómodo e ir más allá de meramente imaginar este camino a la libertad, para recorrerlo efectivamente. Es un proceso de crecimiento. Cuando fuimos niños, era natural ser fantasiosos. Los niños pasan mucho tiempo imaginando aventuras hasta que pueden empezar a vivirlas; pueden fantasear con construir robots o viajar a Marte. Pero para que nuestro camino funcione en realidad, necesitamos dejar de aferrarnos a nuestra fantasía de la jornada espiritual y enfrentar su realidad.

Como nos enseñó el Buda, nos topamos con nuestro propio aferramiento al principio, a la mitad y al final de nuestro camino. Una vez que hemos transformado todo lo demás, la cuestión final que permanece antes de que nos sintonicemos con el estado de libertad total es un nivel sutil de aferramiento. Mientras que nos estemos agarrando de aquí, no podemos estar allá, en el verdadero estado de ausencia del yo. En mi experiencia, parece haber una necesidad de cierto tipo de empujón en este punto.

12. Intensificar el calor

El enfoque básico de nuestra jornada en este punto es trascender los últimos vestigios de nuestro aferramiento propio. Ese aferramiento puede ser tan sutil que apenas resulta discernible. Sin embargo, su efecto es muy poderoso. Estamos aún atados a nuestra identidad y no podemos encontrar la manera de superar esta dificultad final. Es como la línea fina que marca la frontera entre dos países. Estamos, de un lado, ciudadanos fieles a nuestro país y a nuestra cultura de conceptos. Del otro lado, está una tierra extraña, un país sin cultura y sin conceptos. Según los relatos que hemos escuchado, es un lugar misterioso cuyos secretos solo se revelan a aquellos que de hecho entran en él. ¿Nos quedaremos o nos iremos? Está tan cerca que podríamos dar un paso y estar ahí, pero no lo conseguimos. ¿Qué nos está deteniendo?

Tras todo el cuestionamiento que hemos hecho y todo el conocimiento que hemos adquirido, descubrimos que todavía tenemos una pregunta final, una duda final. Simplemente no sabemos y no podemos saber qué significa en realidad soltar el aferramiento a este «yo» hasta que lo hacemos efectivamente. Queremos dar ese salto de fe, pero primero queremos hacer una prueba piloto con una cuerda de *bungee* o un paracaídas. O queremos que alguien nos sostenga la mano y salte con nosotros. Como los niños del cuento de *Hansel y Gretel*, queremos dejar un rastro de migas de pan para poder encontrar la forma de regresar a casa a nuestro sentido familiar del yo, si no nos gusta estar allá en el mundo abierto libre de un yo.

Emprender el camino hacia ese descubrimiento es como iniciar una jornada de regreso al estado original de la mente. Al principio, pensamos que estamos yendo a algún lugar, que la libertad está allá adelante, pero de hecho nuestro viaje es simplemente un proceso que nos trae de vuelta a nuestro punto de partida, adonde estábamos antes de salir de casa para vagar en el bosque de nuestras conceptualizaciones. Aun cuando hemos estado tanto tiempo fuera de nuestra casa que no podemos recordar cómo era, es donde está nuestro corazón y donde anhelamos estar.

Lo que necesitamos en este punto es a alguien que aumente el calor psicológico hasta que nuestras fijaciones mentales se hayan disuelto lo suficiente como para que demos ese salto. La mejor persona para hacer esto es nuestro amigo espiritual, a quien ya conocemos y en quien confiamos. Es nuestro buen amigo quien puede ayudarnos a saltar de nuestro lugar cómodo, quien puede ayudarnos a dejar ir nuestro aferramiento sutil y orgullo por nuestra identidad, cualquiera que sea esa identidad en este punto. Entre nosotros y nuestra libertad, todavía queda un delgado velo de ignorancia que tiene aún el poder de un muro de ladrillos para mantenernos aprisionados en el estado de dualidad. Más allá de esa pared está el espacio abierto que se halla libre de todo punto de referencia –impuro-puro, confundido-despierto o chico o chica mala onda-agradable–. Si queremos este tipo de ayuda para llegar al otro lado, depende de nosotros ir con nuestro amigo y pedírsela.

El amigo espiritual como un agente especial

En la tradición budista tibetana, una vez que un estudiante tiene una buena base de práctica, es posible que busque una relación maestro-estudiante que vaya más allá de la sola amistad. En esta relación, el maestro se convierte en un agente más formidable en el proceso de despertar del estudiante. No obstante, tal relación debe ser instigada por el estudiante. Debemos acercarnos a nuestro amigo espiritual y pedirle que se involucre con mayor fuerza en nuestro proceso de despertar. En esencia, estamos diciendo: «Sé que tengo todo lo que necesito para llegar a mi destino por mi propia cuenta, pero te estoy pidiendo tu ayuda para llegar allí más rápido. Por favor, ayúdame a despertar de cualquier modo que creas que funcionará. Si no salto por mí mismo, entonces tienes mi permiso para empujarme».

Si nuestro amigo espiritual está de acuerdo, entonces la relación cambia. En la nueva relación, el maestro está en el asiento del conductor, usando su propio mapa, que podría no parecerse demasiado al nuestro. Ahora, el maestro ya no es solo nuestro apoyo emocional, consejero amistoso e instructor. Algo nuevo se añade. Él o ella pueden comportarse en un determinado momento como nuestros colegas y en el siguiente como nuestros jefes. Nuestro maestro podría elogiarnos hoy e ignorarnos o regañarnos mañana. Además, cuando nuestro maestro nos da una instrucción sobre nuestra práctica espiritual ahora, no la oímos como una sugerencia, la oímos como una instrucción clara que debe seguirse. No decimos: «No, yo tengo una mejor idea». Confiamos en que nuestro maestro ve lo que es mejor para nosotros en un sentido espiritual; no le estamos preguntando qué hacer respecto a nuestros impuestos, cómo votar en la siguiente elección o cómo reparar nuestro auto. Tenemos que encargarnos de nuestra propia vida.

Al mismo tiempo que estamos trabajando con estas instrucciones, tal vez empecemos a ver cualidades en nuestro maestro que no hayamos visto antes. Nuestro amigo espiritual podría de repente parecer impredecible, irrazonable o incluso convertirse en una persona con mal genio, lo cual podría ser un poco atemorizante para nosotros. No siempre sabemos dónde estamos en esta nueva relación. Sin embargo, empezamos a notar que ocurre un cambio en nuestra psique. Súbitamente, disponemos de más energía, así como de un sentido intensificado de pasión y alegría, enojo y claridad, y así sucesivamente. Los arrebatos emocionales empiezan a iluminar, más que a oscurecer, nuestra visión. Este es un territorio algo nuevo para nosotros. Encontramos que estamos siendo seducidos para salir de nuestra existencia puramente conceptual y entrar en una realidad más libre y cruda.

Entrar en este tipo de relación no es un paso que debe tomarse a la ligera. Este curso de acción no es adecuado para todo estudiante o todo maestro. Nuestra meta de despertar total puede, sin duda, lograrse mediante los métodos explicados anteriormente. Nuestro destino –la libertad– no es diferente, ya sea que mantengamos la relación original con nuestro amigo espiritual o entremos en esta nueva relación. Esta tan solo es una opción que les conviene a algunos, pero no a otros. Las ventajas son que nuestro viaje puede ser mucho más rápido, y que quizá nuestro maestro espiritual nos introduzca a métodos adicionales que nos lleven a reconocer la naturaleza de nuestra mente. La desventaja es que el viaje es más escabroso y desafiante psicológicamente; sea lo que sea a lo que nos aferremos, nuestro amigo espiritual lo hará patente de manera vívida a través de medios directos o indirectos. No hace falta decir que tiene que haber un fuerte sentido de respeto y confianza entre maestro y estudiante, pero que también tiene que haber un sentido de química, un sentido de calor e interés, afinidad y chispa.

¿En quién confías?
Rendirse frente al poder superior de la mente

En nuestras culturas democráticas occidentales, es probable que se cuestione una relación de este tipo, y con razón. No queremos convertirnos en un miembro de un culto con un líder carismático o renunciar a nuestro buen sentido y juicio. Si perdemos esas cosas, no hay viaje hacia la libertad personal. Así que debemos examinar la situación con cuidado.

Aunque vivimos con la ilusión de que somos librepensadores y tomamos nuestras propias decisiones, entregamos muy a menudo nuestra independencia de pensamiento. De hecho, hay tantas «autoridades» en nuestra vida que resulta difícil ordenarlas. Todo el mundo nos dice qué pensar y hacer... ¿El aborto está bien o no? ¿Deberíamos permitir el matrimonio gay? ¿Queremos más armas o ninguna en absoluto? ¿Debería prohibirse fumar? ¿Los asesinos deberían ejecutarse o encarcelarse de por vida? ¿A quién acudes cuando tratas de obtener «tus propias» respuestas? ¿En quién confías para resolver las grandes preguntas? ¿En tu celebridad favorita, en tu partido político, en el presidente, en el papa?

Además, lo que pensamos sobre asuntos como el poder y la autoridad no siempre es consistente. Mientras que, por un lado, despotricamos por una toma del poder por parte del gobierno, por otro, dedicamos buena parte de nuestra vida a seguir las tendencias establecidas por corredores de poder desconocidos que lo único que hacen es vaciar nuestros bolsillos. Nuestra relación con nuestro amigo espiritual pretende hacer algo por nosotros; la única razón por la que existe es para ayudarnos a recuperar nuestra independencia genuina. Es una relación basada en el conocimiento y la confianza, que es el tipo más poderoso de relación que podamos tener. Por ello las empresas siempre están diciendo cosas como: «Puedes confiar en nosotros».

Quizá lo más cercano a este tipo de relación maestro-estudiante en la cultura occidental se encuentre en el Programa de Doce Pasos de Alcohólicos Anónimos (AA). AA y los programas similares proporcionan un apoyo valioso para la recuperación de las adicciones debilitantes, y un elemento esencial de la recuperación implica un proceso de despertar espiritual o «rendición», donde las personas reconocen que pueden dejar de tratar de lidiar solas con su problema. Pueden entregar su batalla personal a un poder superior, sin importar cómo lo conciban. Muchas personas han informado de que el instante en que tomaron esa decisión fue el momento en que experimentaron su primer sentido de curación, el principio de su jornada de regreso a la salud psíquica, emocional y espiritual.

Desde la perspectiva budista, el aferramiento al yo es una adicción ante la cual estamos impotentes para poder detenerla por propia cuenta, sin importar el sufrimiento que nos traiga a nosotros o a los demás. De modo que, al igual que buscaríamos ayuda de grupos como AA para recuperarnos de la dependencia de sustancias, podemos buscar apoyo para recuperarnos del aferramiento al yo en las enseñanzas del Buda y, de forma específica, de nuestro propio maestro. A lo que nos rendimos, nuestro poder superior, es la naturaleza despierta de la mente misma, que es intrínsecamente sana y compasiva. Así, confiamos en el poder curativo de la mente y es el maestro quien nos guía para hacer esta conexión durante el periodo en el cual no podemos ser guías confiables para nosotros mismos. El despertar espiritual es la clave para la recuperación completa, justo como en los Doce Pasos, según se describe a continuación:

Los despertares espirituales suelen describirse como eso: despertares. Representan llegar a una conciencia consciente de nosotros mismos como en realidad somos, una conciencia de un poder más grande que nosotros mismos, que puede estar en el exterior o en un sitio muy profundo dentro de nosotros o en ambos. Donde había oscuridad, ahora existe luz. Podemos ver las cosas de manera más realista. De hecho, podemos ver cosas que nunca habíamos visto antes. La mayoría de la gente experimenta un sentido de soltar. Pero, además, muchos de nosotros, en especial las mujeres, reportan que ganan poder, la llegada a nuestro verdadero ser después de rendirnos. Hay un sentido de arraigo en un poder que no conocíamos antes.[1]

Cuando empezamos a dejar ir el aferramiento al yo, el poder curativo de esta «mente superior» puede manifestarse. En el camino budista, no nos estamos rindiendo ante nuestro maestro; estamos entregando nuestro yo confundido ante nuestro yo verdadero. Es un proceso de despertar a lo que en realidad somos. Nuestro maestro es quien modela el estado despierto para nosotros, y es nuestro maestro quien conoce y puede subvertir todos los viejos trucos de un adicto al ego. Por lo tanto, cuando entramos en esta relación, decimos: «Confío en ti para que me ayudes en esto y estoy dispuesto a aceptar tu honestidad absoluta y amor firme hasta que me haya recuperado de mi adicción».

En esencia, nuestro amigo espiritual tiene nuestro permiso para aumentar el calor, activar nuestros disparadores y añadir combustible a nuestro fuego de sabiduría, de manera que arda con mayor intensidad y consuma nuestro aferramiento al yo. Confiamos en nuestro maestro para que haga esto y también para que se asegure de que el fuego no se descontrola y se vuelve destructivo. En este sentido, es como una quema controlada en un bosque para hacerlo más sano y productivo.

Linaje

Aunque cada tradición es diferente, existen criterios que establecen con claridad los requisitos que tanto el maestro como el estudiante deben cumplir para comprometerse en una relación de este tipo. Estos lineamientos buscan asegurar que la relación sea benéfica para ambas partes. Por ejemplo, el maestro debe ser el portador de un linaje genuino del Buda, estar profundamente instruido y poseer tanto una gran realización como una gran compasión. El estudiante debe ser maduro espiritualmente y estar comprometido en profundidad con este camino. Cuando existen estas condiciones, un maestro espiritualmente consumado y un estudiante maduro espiritualmente pueden llegar a entablar una relación que puede originar una rápida transformación de la neurosis en su estado original de sabiduría.

¿Qué significa linaje? En un sentido, se refiere a la sucesión de personas que, desde la época del Buda, recibieron, alcanzaron y después transmitieron la sabiduría que conduce al estado despierto. En otro sentido, el linaje es sabiduría en sí, el contenido de lo que se pasa de maestro a estudiante, generación tras generación. Podríamos decir también que es el proceso de transmisión, la comunicación continua de sabiduría de personas consumadas a su descendencia espiritual y la alimentación de esa sabiduría hasta que esos niños sean maduros, independientes y lo suficientemente fuertes para transmitirla a otros.

En este sentido, las figuras históricas en la tradición budista son nuestros ancestros, los antepasados de nuestra realización. Debido a que transmitieron métodos para el despertar, somos capaces de conectarnos con esos mismos métodos hoy en día. Así que podemos pensar en el linaje como nuestro árbol genealógico.

13. El buen pastor y el forajido

Cuando nos estamos preparando para despertar, nuestra jornada se vuelve muy básica. Sin importar lo que somos a los ojos del mundo, solo estamos tratando de dejar atrás esta vida neurótica y convertirnos en personas más sanas y compasivas. Estamos tratando de ser virtuosos, buenos pastores, como el personaje de Samuel Jackson al final de la película *Pulp Fiction*. En una de las escenas finales, él está sentado en un restaurante sosteniendo una pistola con el dedo en el gatillo, tratando de no dispararles a las personas enloquecidas que están frente a él. Tiene la esperanza de poder irse sin matar a nadie. Es un forajido, un tipo malo, rezando para que la voluntad o la gracia divina le ayuden a convertirse en un buen hombre que esté firmemente del lado de los ángeles.

Ese momento, donde la vida y la muerte o el cielo y el infierno parecen pender de un hilo, es el tipo de experiencia intensificada que ofrece la posibilidad de un resultado diferente por completo: liberarnos de todos los conceptos en el acto. Sin embargo, no tiene nada que ver con las armas, sino con nuestras emociones, las cuales, en el estado agudizado, pueden tener el poder y la fuerza de una pistola cargada. Para ser claro, no estoy diciendo que esté bien jugar con pistolas o emociones, porque así es como la gente puede salir lastimada. Lo que digo es que las emociones tienen mucho más poder de lo que pensamos para provocar la experiencia del despertar. Si podemos estar plenamente presentes en el espacio de cualquier emoción en su estado puro y desnudo sin conceptualizarla, entonces tenemos la posibilidad de trascender nuestra mente dualista justo ahí y entonces. Si, sin embargo, caemos de nuevo en los pensamientos mundanos de bueno y malo, correcto e incorrecto, entonces regresamos a la mentalidad convencional que dice que somos santos o pecadores; buenos pastores o forajidos. Seguimos viviendo en un mundo conceptual dividido, donde un lado siempre está en oposición al otro. Seguimos atribuyendo etiquetas a la realidad desnuda.

Llegados a este punto en nuestro viaje, nuestra perspectiva cambia. Empezamos a ver que la mera experiencia de nuestras emociones es la experiencia del estado despierto. Ya no consideramos nuestras emociones simplemente como «energía mala» ni las vemos solo como una forma de potencial. Solemos considerar el enojo, por ejemplo, como negativo. En general, nuestro impulso sería cortarlo y deshacernos de él o transformar su intensa energía en cualidades buenas como la claridad y la paciencia. Sin embargo, nuestro proyecto de reciclar nuestras emociones perturbadoras en estados mentales positivos se vuelve redundante una vez que nos damos cuenta de que nuestras emociones crudas y su esencia pura no son, en última instancia, para nada diferentes. No hay necesidad de pelar las capas exteriores de nuestras emociones para encontrar una esencia interna llamada estado despierto o sabiduría iluminada.

La sabiduría no es un tesoro oculto dentro de nuestras emociones. La apertura y el estado despierto ya están presentes en ese primer destello de enojo, pasión o celos. La distinción entre la mente y la naturaleza verdadera de la mente, o entre las emociones y su verdadera naturaleza, resulta ser válida solo a través de la lente del pensamiento. Desde su propio lado –su propia perspectiva– no pueden hacerse semejantes distinciones. Por lo tanto, la experiencia directa de nuestras crudas emociones no procesadas puede generar una experiencia directa del estado despierto. Estas emociones son agentes poderosos que originan nuestra libertad, si podemos trabajar con ellos de manera apropiada.

Esto ciertamente tiene su maña, razón por la cual nos apoyamos tanto en la guía de nuestro amigo espiritual, quien ahora nos dice que confiemos todavía más en nuestras emociones. No solo son trabajables; son el camino y también su culminación. Su calidad despierta es el estado despierto que buscamos. Desde este punto de vista, conectarnos con la experiencia de nuestro estado despierto primordial y original solo es posible cuando podemos relacionarnos directamente con nuestras emociones crudas y trabajar con ellas. Mientras que podríamos considerar que nuestra mente desordenada y contaminada es una vergüenza, nuestro amigo nos dice que no busquemos en otro lado una mente más respetable y presentable para establecer la base de nuestra jornada espiritual.

Esa es toda la idea y la belleza de este enfoque, así como lo que lo hace difícil de aceptar. Cuando nuestra mente está profundamente enraizada en nociones de virtud y pecado, bueno y malo, y sobre todo en la visión del teísmo, entonces este tipo de camino no es posible para nosotros. Tenemos que encontrar otro camino más gradual hacia la libertad. Sin embargo, las enseñanzas del Buda disponen de muchos medios para alcanzar la realización, para que podamos elegir aquello que se ajuste a nuestro temperamento.

El tonto valiente

Para dar el salto dentro de este tipo de jornada, necesitamos la cooperación total de nuestra mente de buda rebelde. Se requiere cierto grado de salvajismo o insensatez, y donde podríamos ser vacilantes o tímidos, el buda rebelde está preparado para ser atrevido y audaz. Hay un tipo de heroísmo implicado cuando estamos dispuestos a salir de nuestro pensamiento convencional y desafiar sus reglas fundamentales. Cuando damos ese paso, puede ser un poco difícil saber si estamos siendo valientes o simplemente tontos. Tenemos que trascender el miedo, pero esa valentía debe ir de la mano de una inteligencia incisiva y una mente abierta curiosa para que este tipo de empresa tenga sentido.

De algún modo, es como las historias que vemos en las películas. El héroe ha sido un buen muchacho (o muchacha) y ha vivido una vida ordinaria. Entonces, un día alguien aparece de repente, mata a sus padres y le da una patada en el trasero. No tiene ni idea de por qué, pero, a partir de ese momento, tiene que enfrentar extraordinarios desafíos. Su familia está muerta, el dinero se ha esfumado, su reputación está arruinada y ahora su propia vida está en riesgo. Entonces lo recluta la CIA o la mafia para hacer un trabajo casi imposible que le ayudará a aclararlo todo, le hará rico y quizá le traiga un poco de paz mental en el proceso. Desde luego, eso podría también matarlo, pero ese es un riesgo que tiene que correr; no puede rechazar esta oportunidad. No tiene otra opción y no tiene nada que perder. ¿Has visto esta película? Al final, nuestro amigo ordinario ha enfrentado tantos peligros y batallas que se ha quedado sin esperanza, sin miedo y sin vergüenza. En consecuencia, también se ha liberado. Cuando no tienes esperanza, no tienes nada que temer, nada de qué avergonzarte y nada que perder. Entonces nuestro héroe está en una posición perfecta para ver y actuar en formas que otros no pueden. Puede hacer lo que sea que tenga que hacer. Si es su trabajo convertirse en un ladrón, entonces se convierte en el mejor ladrón.

Si es convertirse en un asesino, entonces se vuelve el mejor asesino a sueldo. Y así continúa la historia, hasta que supera todos los obstáculos, burla a todos los oponentes y termina en la cima. Ese es el estilo de nuestro viaje aquí. Debemos navegar sorteando muchos niveles de obstáculos y caer de pie.

Enfrentar la neurosis cara a cara

El proceso completo por el que atravesamos ahora consiste en aprender métodos particulares para trabajar directamente con nuestra neurosis. Cuando hablamos de neurosis aquí, estamos hablando de nuestro entendimiento confuso sobre quiénes somos y qué es el mundo en suma. Cuando observamos quiénes somos, vemos una foto de nosotros que está fuera de foco. Tan borrosa como esté, nos apegamos a ella: «Ah, mira. Es una foto de mí». Aceptamos la foto tal cual porque nos parece bastante normal. Las otras personas en la foto y los árboles en el fondo se ven casi como nosotros. Pero después de todo no somos tan buenos jueces, porque nunca hemos visto una imagen nuestra perfectamente clara.

En general, si viéramos una foto nuestra que está distorsionada o borrosa, sabríamos que no es así como en verdad nos vemos. Entenderíamos que la cámara funcionó mal o el fotógrafo metió la pata. Nuestro yo confundido o neurótico es como esa imagen borrosa. No es una imagen verdadera o clara de quienes somos. Lo que estamos tratando de hacer ahora es obtener una imagen más clara de nosotros y nuestro mundo, una que no esté distorsionada. El primer paso es reconocer que nuestra imagen está fuera de foco. El segundo paso es limpiar la imagen maestra o tomar una nueva foto.

Entonces, ¿qué es lo que está mal en nuestra foto, en el retrato o la imagen que tenemos ahora de nosotros mismos? Nuestro problema es que no vemos la naturaleza verdadera de nuestro cuerpo, habla y mente. Al ver a través de la lente de la mente confusa, vemos nuestro cuerpo como algo que poseemos y a lo que necesitamos aferrarnos y proteger, como una casa con un letrero que dice: «Propiedad privada». Vemos nuestra habla en términos de las etiquetas y conceptos que usamos para crear y aferrarnos a este mundo de dualidad. Sin embargo, nuestra neurosis principal es nuestra obsesión con la mente o con las características mentales, la colección de rasgos individuales que identificamos como «yo» o «mí». Y lo que constituye el aspecto más profundo de nuestro carácter mental es nuestro sistema de valores y principios. Quienes somos en este sentido relativo está conformado, sin duda, por nuestro condicionamiento cultura y ambiental, pero también por nuestra participación en ello. No podemos culpar solo a nuestra cultura por ser quienes somos; nosotros también participamos. Al final, nosotros somos los que establecemos estas características como una identidad sólida. Somos tú y yo quienes adoptamos lo que nuestra cultura nos ofrece; nos apropiamos de ello y lo convertimos en nuestro ser completo.

Debemos investigar profundamente esta área, pues nuestros valores son una parte de nuestra identidad cultural, nuestro sentido básico del yo. Aquí es donde encontraremos la mente que juzga y también un sentido del miedo. ¿Por qué? Porque nuestros valores pueden funcionar de maneras tanto positivas como negativas. Pueden promover armonía, acuerdo y entendimiento, o lo opuesto: conflicto y agresión. Cuando los valores de dos familias no concuerdan, alguien podría salir lastimado. Necesitamos identificar cualquier lugar donde nuestra mente se ha cerrado a la razón y al cuestionamiento. Cuando no sabemos por qué creemos en lo que creemos, pero seguimos estando satisfechos de que estamos en lo correcto, eso es fe ciega: la mente que continúa en la oscuridad. Cuando perseguimos nuestros valores con ese tipo de fe ciega, perdemos de vista su significado más profundo y su poder para guiarnos y transformarnos. Entonces pierden todo su valor.

Todas estas formas aparentes son las que tomamos como «yo» y a lo que nos aferramos con tanta fuerza. Como la base de nuestra identidad, están en el centro de todas las luchas y trastornos emocionales que atravesamos. Eso es lo que denominamos neurosis y lo que estamos trabajando para transformar.

Los medios más directos para relacionarnos con estos diferentes aspectos de la neurosis implican trabajar con las experiencias intensificadas de las emociones. Cuanto más vívida es la emoción, tanto mayor es la oportunidad que tenemos para conectarnos con la experiencia del estado despierto. Hay un dicho budista clásico: «Según cuán intensas sean las emociones, resplandecerá el fuego de la sabiduría». Cuando nos conectamos plenamente de este modo, nos estamos conectando con la vibración fundamental o el aspecto energético de nuestra neurosis, que está más allá del alcance conceptual. La confianza que necesitamos tener para trabajar con nuestras emociones en este nivel no siempre se obtiene rápida o fácilmente. En este punto, es importante que recordemos y nos conectemos con los principios básicos del vacío y la compasión. Así es como trabajamos con nuestra neurosis.

Vacío energético, compasión apasionada

Ya no estamos hablando del vacío simplemente en términos de la experiencia de apertura y espaciosidad o totalidad. La experiencia directa del vacío en este nivel tiene una calidad energética y gozosa que es parte de la experiencia de plenitud. Hay un sentido tremendo de brillantez y alegría. Como ya has oído varias veces, el vacío no es solo un espacio vacío o hueco; no es solo una experiencia de la nada. No se trata de una varita mágica que hace que desaparezcan las cosas. Al contrario, es una experiencia de presencia brillante que ocurre naturalmente en la ausencia de la fijación, en el no aferrarse a nada. Imagina que hay algo ahí, pero que no hay un sentido de agarrarnos a ello. Al mismo tiempo, hay un sentido de crudeza o desnudez, que puede ser incómodo al principio. Podemos usar muchas palabras para describir la experiencia de la conciencia abierta que va más allá de la fijación de cualquier tipo, pero básicamente, es nítida, clara, vibrante y está llena de destellos.

Cuando entendemos el vacío de esta manera y podemos reunir esa experiencia con nuestra experiencia ordinaria de neurosis, esto transforma nuestra percepción de nosotros mismos y nuestra perspectiva del mundo. ¿Por qué? En la ausencia de fijación, nuestra mente se libera de la confusión. Al fin estamos mirando a través de una lente clara. Nuestra imagen borrosa se enfoca y comenzamos a ver quiénes somos en verdad. En vez de considerarnos seres desorientados e impotentes en un mundo de confusión interminable, comenzamos a desarrollar confianza en nuestra propia naturaleza despierta y en la naturaleza despierta de todos aquellos con quienes compartimos este mundo. Tenemos confianza en esto, porque es lo que vemos ahora. Ya no vemos nuestra neurosis y sus neurosis solo como trabajables, las vemos como una fuente de inspiración e iluminación.

Una vez que somos capaces de conectarnos con esa experiencia, nuestra práctica consiste en cultivarla, hacer esa conexión una y otra vez. A medida que crece nuestra confianza, alcanzamos el nivel de afirmar esa realidad y vemos cómo empieza a llevarse a cabo la experiencia de ausencia de miedo. No solo vemos la posibilidad de la ausencia de miedo, sino que también empezamos a tomar esa ausencia de miedo como la base de nuestra actitud hacia cualquier expresión de neurosis. Cuando podemos sostener esa actitud, entonces el buda rebelde toma su asiento como el maestro de la confusión. Ya no podemos ser abrumados por las emociones poderosas, de hecho, solo hacen que nuestro mundo sea más colorido, más dinámico y despierto. Empezamos a manifestar una suerte de orgullo iluminado, un sentido de dignidad y de respeto propio libre de ego.

Desde esta perspectiva, podemos ver que el vacío no significa alejarnos de nuestras obsesiones o hacer que nuestros problemas o la realidad física desaparezcan. Quiere decir ver más allá de nuestras obsesiones ordinarias, trascendiendo nuestras fijaciones. En consecuencia, hay un sentido total e inmediato de libertad en el vacío. Y cuando somos libres de esta manera, entonces lo que queda es solo la experiencia de brillantez, de destello, que tiene una tremenda cualidad de riqueza.

Este sentido de orgullo iluminado o confianza inquebrantable en nuestra naturaleza despierta, es un gran paso hacia alcanzar el despertar completo que es liberación total. Ahora necesitamos unir plenamente esa mente abierta que ha trascendido el miedo con el corazón de compasión. Cuando estos dos están en unión, se convierten en la fuerza más potente para superar todos los niveles de confusión. Pero como se usa aquí, la compasión, también, es algo diferente de nuestro entendimiento ordinario. Abarca todas las cualidades que esperamos –gentileza amorosa, entendimiento que simpatiza, etcétera–, pero va más allá. Se vuelve más cruda. Ya no se considera solo como bondad pura en el sentido convencional o incluso en el sentido espiritual. La intensidad y profundidad de su sentimiento tiene la cualidad de la pasión. En cierto sentido, nos estamos conectando con un estado primordial de energía y conciencia. Estamos yendo al núcleo de nuestro corazón genuino y noble, al nivel más fundamental de la mente: nuestro ser verdadero y básico. Esa jornada al centro desmantela aún más nuestros conceptos, incluso aquello a lo que nos aferramos como virtuoso y bueno. Sin embargo, está lleno de calidez y gentileza que podemos expresar hacia nuestros semejantes y, lo más importante, hacia nosotros mismos y nuestra propia neurosis. Es un corazón inspirado por el orgullo iluminado, por la luminosidad de esta vacuidad suprema.

La unión de vacío y compasión

Desde una perspectiva budista, la compasión es el fulgor natural o la luz del vacío. Estos dos, vacío y compasión, siempre están en unión, sin embargo, la naturaleza primordial y poderosa de esta unión puede ser difícil de ver. No se trata solo de una idea, sino de una realidad que parece estar plantada en nosotros y en la naturaleza misma de nuestro universo. Por ejemplo, si cierras tus ojos, empezarás viendo destellos de luz en la oscuridad. Desde la perspectiva budista, esa luz no es meramente un fenómeno óptico; la fuente última de este fulgor es la naturaleza vacía y dichosa de tu propia mente. De la misma manera, la luz de compasión crea destellos brillantes doquiera que se manifieste, aunque la naturaleza de esos destellos sea siempre vacía. Puedes ver esos mismos destellos en la energía de tus emociones, en especial en tus relaciones. Ya sea que digas: «Esto es amor» o «Esto es odio», hay destellos que se encienden y apagan todo el tiempo que a veces te unen más a alguien y otras te separan. Cuando piensas que quieres darte por vencido y solo tirar la toalla, sueles acabar con otra persona y todo empieza de nuevo.

Un investigador de física que conocí mientras viajaba me contó una historia sobre otro tipo de relación que me recordó esta unión de vacío y compasión: la relación entre pares de quarks. Las partículas elementales, llamadas quarks, son de diferentes variedades, como los quarks arriba y abajo, que siempre aparecen en pares opuestos. Si por algún medio el par se separa, entonces, de la nada, aparecerá espontáneamente un quark abajo para unirse al quark arriba, y aparecerá un quark arriba para unirse al quark abajo, creándose dos pares. Así, ni el quark arriba ni el quark abajo parecen dispuestos o capaces de existir por sí solos, lo cual suena bastante familiar. ¿Cómo puede ser esto? El espacio vacío no está en verdad vacío; de hecho, es muy vibrante y está pleno. Se está llevando a cabo un proceso constante de transformación: las partículas se transforman en energía pura y la energía pura vuelve a tomar la forma de partículas. De la misma manera, la relación del vacío y la compasión carece de costuras y es constante. Nunca encontrarás solo vacío o solo compasión aislados. En este nivel elemental, nunca están divorciados. Es una imagen algo romántica: este universo de espacio y energía como apasionado, amoroso y libre de yo, todo al mismo tiempo.

El corazón romántico de la compasión

Como un efecto secundario de trabajar en este nivel primordial de experiencia, entra en juego algún elemento de romanticismo, de indulgencia en el mundo de las emociones y los sentidos. ¿Por qué debería ser así? En su esencia, la compasión se basa en la pasión y el deseo, un aspecto de nuestra naturaleza que no deberíamos temer. Sin pasión, no habría amor en el mundo, ni compromiso con el bien común, ni devoción hacia los ideales iluminados o la idea de despertar. El deseo da pie al anhelo y la aspiración; nos mueve a superar obstáculos y llegar a grandes alturas. Sin embargo, la pasión y el deseo al servicio del interés propio o atados por la fijación y obsesión suelen ser fuerzas destructivas en nuestra vida. Es más seguro permanecer con una conducta ordinaria –el desempeño de buenas acciones– que arriesgarse a trabajar con el aspecto romántico de la compasión, pero eso es un poco más superficial.

Empezamos trabajando con nuestra mente mediante el cultivo de una actitud de renunciación. Nuestra libertad dependía de alejarnos de todos los apegos que nos mantenían atados a estados del sufrimiento. Luego, a través del proceso de entrenamiento de nuestra mente, encontramos que más bien podíamos usar esos mismos apegos y las emociones que provocan para transformar los estados mentales negativos en positivos. Ahora, habiendo madurado, por así decirlo, y con mayores recursos de sabiduría y compasión a nuestra disposición, podemos encontrarnos con nuestra mente de manera directa en su nivel más profundo. En vez de simplemente evitar los sentimientos o placeres fuertes, podemos observar esos estados claramente, sin confusión.

En general, cuando queremos algo, en lugar de ver el deseo en sí –la energía pura de anhelo o ansia– y conectarnos con esa experiencia de la mente, caemos en los patrones ordinarios de pensamiento. Perdemos de vista el momento original, la apertura, energía y brillantez que precede el arranque de nuestros patrones habituales. Eso pasa una y otra vez, ya sea que nuestro deseo sea a gran escala o simplemente anhelemos una Coca-Cola helada. Gracias a todos nuestros pensamientos de bueno y malo, antes incluso de que busquemos la Coca-Cola nos hemos negado el placer de beberla. Tiene demasiado azúcar y demasiadas calorías; la cafeína es mala; este refresco no se embotelló localmente, etcétera. Nuestra cabeza dice: «No la bebas», pero nuestras papilas gustativas hacen: «Mmm». El punto es ver nuestra neurosis en toda su plenitud, en su estado más crudo y fundamental, justo cuando está surgiendo: cuando estamos viendo esa lata de Coca-Cola fría y todo nuestro ser se siente atraído por ella. Nuestra pasión por esa Coca-Cola enciende nuestra mente, y hay un momento del estado despierto, de placer puro y de satisfacción antes de que empiece la arremetida de pensamientos. Podemos volver a quedarnos dormidos en ese instante para escapar de la intensidad y brillantez o echarnos para atrás y escoger un zumo orgánico de zanahoria. O podemos unir ese momento con el orgullo iluminado, la sabiduría del vacío. Ya sea que bebamos la Coca-Cola o no es algo que no viene al caso; es cuestión de cómo trabajamos con nuestra mente cuando el deseo ataca.

En un sentido, necesitamos una gran pasión como una puerta a la trascendencia. Cuando juntamos la gentileza y calidez del estado desnudo de la pasión con la chispa brillante del vacío, hay un sentido natural de unión. El encuentro de los dos produce la experiencia de lo que se llama la «gran sabiduría de gozo» o «gran alegría». Puesto que todas las emociones, en su esencia, nunca están separadas de la compasión, la unión de cualquier emoción con el vacío puede producir la experiencia de gran gozo. Con el descubrimiento de este vacío supremo, la unión existente en sí del vacío y la compasión, nos damos cuenta de que el gozo no tiene principio ni fin. Por lo tanto, no necesitamos aferrarnos a él. Como la energía del espacio, aparece de la nada y toma forma por un momento, se disuelve y surge de nuevo. Hay veces en que la vemos y otras en que no, aunque su esencia es la misma todo el tiempo. El espacio nunca está menos lleno de energía en un momento que en otro. En este punto, nuestro sentido de orgullo iluminado se vuelve inquebrantable. No estamos imaginando nuestro estado despierto y tratando de recrearnos con base en esa imagen. Vemos que estamos dentro de un campo de despertar que nos incluye. Somos parte de algo ilimitado. Nuestro sentido de soledad o individualidad ya no es una barrera entre nosotros y los demás. Al contrario, es la inspiración de nuestro deseo de contactarnos con otros y traerles tanta alegría y felicidad como podamos.

Ahora hemos completado el círculo de nuestra jornada. Cuando miramos hacia atrás, podemos ver que primero usamos la idea de la ausencia de yo como un arma para destruir nuestra confusión. Ahora usamos la experiencia de la ausencia de yo como una fuente de inspiración y valor para trabajar con nuestra neurosis y la neurosis del mundo. Cuando todos los demás están tratando de salir de las profundidades del sufrimiento, hay unas cuantas personas que vuelven a adentrarse. Ser semejante persona requiere de mucha valentía y pasión por el mundo. También ayuda estar un poco loco.

Sin embargo, sea cual sea tu camino, adonde sea que te lleve, hay una instrucción que debes proteger y siempre llevar contigo: nunca te des por vencido respecto a nadie. Incluso si no puedes ayudar a alguien ahora, no lo abandones mentalmente ni cierres la puerta de tu corazón. Esa es la palabra directa del Buda, nuestro antiguo amigo revolucionario, y si la olvidas, la volverás a oír de la boca del buda rebelde con el que estás viviendo en este preciso momento.

14. Un linaje del despertar

¿Cómo preservamos un linaje de sabiduría? Su sabiduría debe transmitirse de generación en generación. Sin embargo, existe una diferencia entre preservar una tradición e institucionalizarla. Podemos llenar museos con artefactos budistas; podemos traducir y reproducir textos de maestros pasados y llenar las bibliotecas del mundo con ellos; documentar los rituales y códigos de su cultura. Entonces nadie estará en peligro de olvidar el budismo. Seguirá viviendo como una reliquia fascinante, como muchas otras civilizaciones perdidas. Por otro lado, tenemos la posibilidad de preservar la sabiduría que imbuye esta tradición estudiándola y practicándola hasta el punto en que despertemos.

Esto es válido para la nueva generación de practicantes que empiezan a asistir a enseñanzas y retiros, así como para aquellos que ya llevan haciéndolo durante años y años. A veces me pregunto por qué algunos de estos últimos siguen en ello, pues veo muy poca confianza en la posibilidad de despertar ahora. Quizá pienses que puedes despertar en un 50%, solo lo suficiente para superar la etapa «loca», pero no todo el camino hasta la «sabiduría». Sin embargo, no es el mensaje del Buda ni la intención del budismo proporcionar una recuperación parcial de la confusión. El mensaje del Buda es que estás despierto ahora y que puedes, si te aplicas, darte cuenta de ello.

Si vives en Occidente, podrías dudar que este mensaje en verdad se aplique a ti. Quizá pienses: «¿Cómo podría convertirme en un ser realizado? ¡Imposible! ¿Cómo podría cualquier occidental despertarse como el Buda y convertirse en un portador del linaje? Tienes que haber nacido dentro de él, como los asiáticos; está en su sangre». Quizá nunca hayas reflexionado sobre ello, pero aun los asiáticos tienen el mismo tipo de dudas sobre sí mismos. Una vez, un lego se acercó al yogui tibetano iluminado Milarepa y le dijo: «¡Es notable cómo has alcanzado semejante realización solo en esta vida! Un logro así solo puede ser posible porque eres una reencarnación de algún gran ser... ¿De qué Buda o *bodhisattva* eres una emanación?». Desde esta perspectiva, incluso ser tibetano no es suficiente. Tienes que ser sobrehumano.

Milarepa se molestó muchísimo y dijo: «Al afirmar eso, estás menospreciando el *dharma* y dando a entender que el camino no tiene poder. Estás diciendo que la única razón por la que puedo manifestar mi naturaleza iluminada es porque nací con una ventaja inicial. ¡Difícil es que tuvieras una visión más equivocada!». De hecho, Milarepa comenzó con muy malos antecedentes. Tenía una larga lista de fechorías, de modo que tuvo muchos obstáculos que superar y que trabajar muy duro. Dijo: «He practicado el *dharma* con incesante fervor. Gracias a los profundos métodos del camino, desarrollé cualidades excepcionales. Ahora, cualquiera con una pizca de determinación podría desarrollar un coraje como el mío si tuviera una confianza real en los efectos de sus acciones. Desarrollaría los mismos logros, y entonces la gente pensaría que también son manifestaciones de un Buda o de un gran ser».[1]

Es lo mismo para cualquiera de nosotros hoy en día cuando decimos que no podemos hacerlo: estamos expresando una falta de confianza en el poder del camino budista. Dudamos que pueda producir su resultado anunciado. Sin embargo, de acuerdo con las enseñanzas de grandes yoguis y eruditos del pasado, es posible manifestar la realización. Es una idea realista. No estoy hablando de unos pocos casos aislados de iluminación, la liberación de uno o dos «grandes» seres en algún momento en el futuro. Eso no es suficiente bueno. Estoy hablando de establecer linajes modernos del despertar; los linajes genuinos de budismo americano y occidental pueden empezar hoy. Podemos ver los resultados en este siglo.

Toda persona tiene el potencial necesario para alcanzar la iluminación. Tú ya tienes cierto nivel de inteligencia, introspección y compasión que puedes desarrollar más, todo el camino hasta la realización. Confiar en ello es en extremo importante. Si careces de confianza en ti mismo, entonces la experiencia no llegará. Si te sientas a meditar con la actitud de «Bueno, estoy sentado meditando, pero sé que hoy no voy a llegar a ningún lado», entonces probablemente tengas razón. El mejor enfoque es sentarte a meditar sin ninguna expectativa, sin ninguna esperanza o miedo en cuanto al resultado. Siéntate a meditar con una actitud de apertura que admita la posibilidad en vez de cerrar la puerta.

Cuando comparas tu crianza cultural con la de los maestros asiáticos o la de los personajes históricos del pasado, quizá no veas ninguna posibilidad de alcanzar una realización como la suya. Es probable que te consideres una persona ordinaria y confusa, producto de una cultura materialista y dualista, mientras ellos tienen la ventaja de ser criados desde su nacimiento bajo circunstancias especiales, incluso místicas. Esas ideas no te ayudan; de hecho, obstaculizan tu camino.

Piénsalo así: si naciste como judío o cristiano, probablemente hayas crecido en un ambiente judeocristiano. ¿Acaso eso te da un poder especial para experimentar la naturaleza de Dios? Yo creo que no. Lo mismo sucede para alguien nacido hindú, musulmán o budista. El solo hecho de haber nacido y haber sido criado en cierta cultura no garantiza que tendrás una comprensión profunda del legado de las enseñanzas espirituales de esa cultura. Alguien externo a tu cultura podría incluso tener una comprensión mejor y más fresca de ellas.

De hecho, si naciste y creciste en la cultura asiática budista de hoy día, podrías estar más interesado en aprender la filosofía, psicología y tecnología occidentales y confiar en ellas para alcanzar introspecciones y oportunidades nuevas. El Buda es una cara vieja y familiar para ti –tal vez demasiado familiar–. Incluso donde las comunidades budistas asiáticas contemporáneas están funcionando como centros de práctica, encaran retos culturales similares a aquellos que se enfrentan en Occidente: ver más allá de las formas culturales establecidas hace mucho para llegar al corazón de las enseñanzas budistas. Así que, aunque no podemos hablar de establecer el budismo en las culturas orientales, podemos preguntar: «¿Hasta qué grado la gente está practicando los rituales culturales y hasta qué grado está despertando realmente?».

Ese parece ser nuestro dilema común, Oriente u Occidente. En ese sentido, todos podemos volver a considerar el ejemplo del príncipe Siddhartha, cuya jornada hacia el despertar empezó cuando atravesó la frontera de su propia cultura. El joven Buda fue el forastero por excelencia.

El maestro como ejemplo

Las historias que escuchamos acerca de la vida del Buda y otras figuras importantes nos proporcionan ejemplos inspiradores. El problema es que podemos confundirnos con la idea de «un ejemplo» y exagerar lo que representa el ejemplo. También tendemos a idealizar el pasado. Por ejemplo, la rusticidad de la vida en la antigua India parece romántica a la distancia. O cuando pensamos en el Buda, imaginamos a una figura piadosa dando profundas enseñanzas. No vemos a un hombre indio recorriendo caminos polvorientos de pueblo en pueblo, hambriento, cansado y adolorido, a veces sonriendo, a veces ceñudo. ¿Pensamos que todo el tiempo se pasaba meditando? ¿Pensamos que nunca le gritó a nadie? Era un ser humano, igual que nosotros, y nos puede servir como un maravilloso modelo precisamente por eso.

Lo mismo sucede cuando observamos a los grandes yoguis del pasado. Por ejemplo, los antepasados del linaje del budismo tibetano están siempre retratados como físicamente perfectos, portando bellos ornamentos y sentados con majestuosidad. Nos inspiran naturalmente. Sin embargo, si los hubiéramos visto en persona, es probable que no hubiéramos tenido ni idea de que eran especiales o incluso de que fueran budistas. ¿Cómo eran en realidad? El padre de la escuela Kagyu, Tilopa, vivió un tiempo como un mendigo errante y una especie de pescador que comía las tripas de pescado que otros pescadores habían desechado. Se dice que cuando lo conoció su heredero del *dharma*, Naropa, estaba comiendo pescados vivos. A decir verdad, si Tilopa estuviera sentado frente a nosotros en este momento, sería muy difícil relacionarnos con él, porque estamos buscando a alguien que concuerde con nuestra imagen romántica del maestro espiritual. Cuando hacemos esto, no establecemos una conexión sincera con el camino y las enseñanzas del Buda.

Otro ejemplo es Padmasambava, el hombre indio conocido como un «segundo Buda», que sigue siendo una de las figuras más importantes y amadas de la historia del Tíbet. A Padmasambava se le atribuye haber llevado el *dharma* al Tíbet, y muchos miles de tibetanos lo aprecian y siguen su ejemplo. Pero si lees su biografía, verás que también hubo muchos en el Tíbet que lo odiaban y trataron de destruirlo. No pudieron vencerlo debido a sus logros espirituales, pero inspiró tanto enemistad como devoción.

Lo que estas historias nos muestran es el lado humano de estas figuras iluminadas. Cuando no vemos su humanidad de manera realista, también dejamos de ver sus logros genuinos. Por lo tanto, no nos beneficiamos de su ejemplo. Esto me recuerda un reportaje de un noticiero de televisión que describía cómo los estadounidenses tienden a exagerar los logros y perdonar las fallas de los presidentes pasados, pero son muy críticos con el actual. John Lennon dijo algo similar, que eres más amado cuando estás muerto y enterrado que cuando estás sobre la tierra.

Por lo tanto, en relación con los maestros que vemos como nuestros ejemplos, es importante que no tomemos erróneamente una presentación cultural por una persona viva. Cuando buscamos ejemplos del camino, los ejemplos que encontramos son humanos. Además, como me lo indicó mi propio maestro, es más importante apreciar las oportunidades que tenemos en el presente. Sin importar cuán inteligentes o maravillosos hayan sido esos seres realizados del pasado, los maestros más bondadosos, generosos e importantes son los del presente, pues son los únicos con los que podemos relacionarnos en persona. Son los únicos que pueden en verdad conocernos, darnos instrucciones y guiarnos por el camino. Buda Shakyamuni fue un maestro excepcional, pero tú y yo no podemos sentarnos con él y plantear preguntas acerca de lo que debemos hacer o sobre cómo trabajar con nuestros problemas, mientras que podemos sentarnos en una cafetería con nuestro maestro vivo, de carne y hueso, y hablar sobre el camino.

Maestros contemporáneos

¿Quiénes son nuestros maestros actuales? En este punto en el tiempo, hay un número creciente de occidentales y asiáticos que están pasando por un entrenamiento meticuloso y riguroso similar al que atravesaron nuestros antiguos maestros asiáticos. Y están obteniendo resultados similares. Esto significa que algunos se están volviendo maestros sabios, hábiles y compasivos por derecho propio. Están empezando a portar el linaje de una manera auténtica, y tales maestros deberían recibir el mismo respeto que los maestros realizados que los precedieron. Deberíamos confiar en ellos igualmente. Otros pasarán por el entrenamiento y serán, no obstante, maestros mediocres y deficientes, del mismo modo que hay personas con doctorado que consiguen trabajos y se las ingenian con sus títulos, pero nunca producen un solo alumno brillante porque no pueden enseñar lo que saben. Ocurre lo mismo en la jornada espiritual. Sin embargo, si el Buda estaba en lo cierto, si la mente está despierta y más allá de la cultura, hay en definitiva maestros contemporáneos que ocuparán su lugar y llevarán el budismo hacia delante en nuestro mundo moderno. Esto es esencial, porque la generación de maestros asiáticos de edad avanzada que tenemos ahora no siempre va a estar con nosotros. Al igual que nuestros padres, nuestros maestros mueren. Esperemos haber aprendido de ellos lo que necesitamos saber para vivir una vida compasiva y significativa y llevar adelante el linaje del despertar.

Mi consejo a este respecto es que examines a todos tus maestros y aceptes a cualquiera que posea las cualidades de sabiduría, compasión y habilidad, sin importar de dónde vengan. Sin embargo, igual que en cualquier cultura y tradición –ni siquiera fue una excepción el antiguo Tíbet–, el budismo actual verá algunos «maestros» autoproclamados que son charlatanes. Parece no haber ninguna escasez de charlatanes en cualquier escenario espiritual. Es importante para los estudiantes distinguir entre tales farsantes y los maestros genuinos, y seguir siempre a un portador genuino del linaje del Buda.

Vosotros, los estudiantes de hoy día que están viviendo en Vancouver y Nueva York, Londres y Hamburgo, Barcelona y Hong Kong, México y Buenos Aires, son los maestros del mañana. Incluso si eso no está en sus planes por el momento, puede ocurrir. Así es como funciona. Así que tú mismo, como un maestro potencial, debes confiar en tu capacidad para aprender y encarnar la sabiduría genuina. Los estudiantes de hoy cuentan con muchas ventajas. Empiezas tu práctica con una buena educación y una gama y profundidad impresionantes de conocimiento. Por lo tanto, por muchas razones, estás intelectualmente preparado para un viaje cuya meta es el conocimiento trascendente. La capacidad o potencial no es el problema. El reto es discriminar qué es cultura y qué es sabiduría, que es un problema antiguo, por lo visto.

Presiones culturales: un puñado de polvo

Hay una famosa historia en *Las palabras de mi maestro perfecto* de Patrul Rinpoché –uno de los maestros más ilustres del siglo xix–, acerca de un reconocido maestro Kadampa del siglo xii llamado Geshe Ben. La historia cuenta que Geshe Ben esperaba la visita de un gran número de sus benefactores y de algunos estudiantes. La mañana de su esperado arribo, se puso a arreglar las ofrendas en su altar. Estaba absorto en lograr que su altar quedara impresionante, cuando de repente tuvo una realización. En el siguiente momento, recogió un puñado de polvo y lo lanzó sobre las ofrendas. Cuando se le contó este incidente al gran maestro indio Padampa Sangye, este dijo: «Ese puñado de polvo que Geshe Ben arrojó fue la mejor ofrenda en todo el Tíbet».[2] Para nosotros esta es una historia chocante. ¿Puedes imaginarte arrojar polvo sobre un altar?

¿Por qué Geshe Ben embelleció primero su altar y después lo llenó de polvo? Era un gran practicante, así que se trató de algo más que un mero deseo centrado en el ego para impresionar a sus benefactores. Había una tradición cultural que lo presionaba tremendamente. Se hubiera considerado irrespetuoso no limpiar y arreglar su altar y no poner ofrendas especiales adicionales. No obstante, en medio de la preparación se dio cuenta de que no tenía una conexión sincera con sus acciones, ningún sentido de inspiración, y lo peor de todo: ningún sentido de atención plena o capacidad de darse cuenta. En consecuencia, tomó un puñado de polvo y lo arrojó sobre el altar, y dijo: «Monje, solo quédate donde estás, y no te des aires de importancia».

Más recientemente, tenemos la historia de Gendun Choephel, un maestro, erudito y traductor magnífico, pero conocido por no ser convencional, que vivió en la primera mitad del siglo xx. Un día, dos grandes eruditos de las universidades de dos famosos monasterios fueron a hablar con Gendun Choephel, aunque su visita era más que una visita social. Habían estado oyendo historias sobre su comportamiento loco, así que fueron a investigar, a «ayudarlo», por así decirlo. Cuando oyó que iban a verlo, Gendun Choephel tomó su estatua más preciosa del Buda y la puso en la mesa. Luego enrolló un billete tibetano equivalente a cien dólares e hizo un cigarrillo con él. Cuando llegaron los eruditos, lo prendió y comenzó a fumárselo. Observaron el cigarrillo y vieron que era un billete de verdad. Entonces, mientras seguía fumando, Gendun Choephel echó la ceniza sobre la estatua del Buda, y los eruditos no pudieron soportarlo. Estaba bien que desperdiciara sus cien dólares, pero no podían soportar la idea de que echara cenizas sobre la estatua del Buda. Se enfrascaron entonces en un gran debate y argumentación con Gendun Choephel, pero al final no pudieron rebatir su visión de que el sentido de respeto por el Buda y la conexión sincera con sus enseñanzas están todos muy en el interior. El «Buda» no es nada en el exterior. Además, si el Buda está por completo iluminado, más allá de la dualidad y el concepto, ¿se sentiría molesto con unas cuantas cenizas de cigarrillo? Él, no.

Estas historias nos recuerdan que podemos quedar tan atrapados en las formas culturales del *dharma* que empecemos a ir en contra del corazón de nuestro camino espiritual. Ambas historias muestran a grandes maestros «arrojando polvo» sobre objetos que por lo general consideramos sagrados. Pero en vez de profanar estos objetos, en esta acción hay un sentido de liberarse de los conceptos de bueno y malo, puro e impuro, bello y feo. Estos conceptos son la fuente de las tremendas presiones culturales para obedecer ciertas reglas, ya sean explícitas o tácitas. Si no seguimos las reglas, entonces nos sentimos en extremo incómodos y quizá relegados. Sin embargo, cuando las seguimos, incluso de manera mecánica, sin un entendimiento genuino de nuestras acciones, entonces nos vemos muy bien desde fuera. Quizá incluso nos engañemos durante un rato.

Cuando solo repasamos los movimientos, nuestras acciones no tienen mucho significado. Somos como trabajadores en una línea de producción en una gran fábrica de automóviles, donde la gente está formada haciendo una sola cosa una y otra vez. No tienen que pensar al respecto. Incluso podrían olvidar lo que están fabricando. Si su trabajo es instalar un solo tornillo, simplemente lo hacen. Cuando se acerca alguna pieza, instalan el tornillo. De manera similar, podemos perder de vista el propósito de nuestras acciones y volvernos trabajadores de la línea de producción de la liberación. Repasamos todos los movimientos prescritos, pero nada nos penetra. No vemos realmente nuestro altar ni recordamos siquiera lo que está en él, y menos aún lo que representa. No apreciamos la espaciosidad y la energía de nuestra práctica sentados. Las palabras que leemos no nos transforman. Tal vez hayamos acumulado muchas estatuas, y libros budistas, así como todos los artículos propios de una vida de meditadores, hasta el punto de que nuestra casa parece ahora una gigantesca plaza comercial espiritual. Pero después de coleccionar todas esas cosas, olvidamos que las tenemos. Incluso podríamos comprar el mismo libro dos o tres veces, sin darnos cuenta de que ya tenemos un ejemplar.

Quizá haya algunas cosas que valga la pena coleccionar, como tarjetas de béisbol o antigüedades, porque algún día podríamos recuperar nuestra inversión. Sin embargo, desde la perspectiva espiritual, nuestras acciones no tienen sentido si estamos haciendo algo sin atención plena. No hay liberación si no estamos conscientes. No hay alegría si no nos estamos conectando con nuestro corazón. Así que cuando la atención plena y la capacidad de darse cuenta están ausentes en cualquier acción, ¿cuál es el sentido desde el punto de vista del *budadharma*? Perder esta conexión con el corazón no es solo un inconveniente para nosotros; puede afectar a una comunidad de práctica o a toda una tradición.

El *dharma* espantapájaros

La revolución de la mente instigada por el Buda no ocurrió solo una vez. El *budadharma* ha pasado por muchos periodos de revolución y cambio. Esto es necesario, porque es natural que algún nivel de degeneración, desinformación o confusión se cuele en cualquier sistema poco a poco a lo largo del tiempo. Del mismo modo que necesitamos ejecutar regularmente programas que escaneen nuestras computadoras para detectar virus y programas malignos, necesitamos revisar, refinar y refrescar continuamente nuestros sistemas espirituales. En el budismo, hay antecedentes de esta práctica.[3]

Por lo tanto, de lo que estamos hablando aquí –revolucionar el *dharma*– no es algo nuevo en absoluto. Esto ha estado pasando en la cultura budista durante 2.600 años. Cuando una tradición viva se vuelve estática, sin ningún sentido de frescura, y perdemos nuestra conexión básica de corazón con la jornada espiritual, es de hecho muy triste. El *dharma* ya no es más el *dharma* genuino y real. El Buda llamó a esta condición un «símbolo del *dharma*». Es solo una forma, como un espantapájaros. Un espantapájaros parece un ser humano. Lo tiene todo: cabeza, brazos, manos, piernas y pies. Lleva sombrero, abrigo, pantalones, botas y algunas veces gafas de sol. Parece que todo está ahí. Se ve como una persona real, pero es solo un espantapájaros, solo un símbolo.

Necesitamos tener cuidado con el *dharma* espantapájaros. Podríamos encontrarnos en un grandioso salón de meditación, donde hay un altar hermoso, un maestro, una enseñanza, una reunión de estudiantes y una práctica cultural. Todo se ve perfecto y completo. Podríamos sentir que estamos en una situación dhármica ideal, pero puede seguirse tratando del *dharma* espantapájaros. Esa es la parte peligrosa. El mismo Buda dijo en sus enseñanzas que el *dharma* nunca será destruido por condiciones externas. Lo único que puede destruir el *dharma* viene de dentro. Por lo tanto, no ver lo que está ocurriendo dentro puede ser mucho más destructivo que preocuparnos por las condiciones externas desfavorables.

Sin importar qué tipo de formas estamos considerando, debería haber una conexión de corazón, un entendimiento genuino de estos elementos de nuestro camino. Debería haber un sentido sincero de dedicación que provenga de nuestra confianza en nuestro entendimiento. Sin eso, nuestra experiencia del camino se convierte en *dharma* espantapájaros; no es algo auténtico.

Lo que el Buda enseñó

Después de su iluminación, Buda Shakyamuni enseñó durante cuarenta y cinco años. Existe una literatura enorme sobre todas sus enseñanzas que está en proceso de traducirse de los idiomas fuente al inglés y otras lenguas occidentales. A veces se dice que hay 84.000 *dharmas* o enseñanzas del Buda. Pero en realidad es igualmente cierto afirmar que el Buda solo enseñó una cosa, una sola instrucción profunda: cómo trabajar con tu mente.

Trabajar con tu mente significa trabajar con tus pensamientos, emociones y el sentido básico de aferramiento al yo, todo lo cual carece de una forma. Ellos no hablan ningún idioma en particular ni llevan la vestimenta nacional de un país particular. De modo que se trata de experiencias universales de la mente. Por lo tanto, no hay diversidad cultural en nuestras emociones. El enojo es el enojo. No hay una forma tibetana del enojo y una forma americana del enojo. Quizá haya estilos culturales diferentes para expresar o representar el enojo, pero la experiencia interna es igual. Cuando te enojas, no hay palabras para describirlo; no importa qué idioma hables. El enojo solo vibra en tu cuerpo y tu mente se pone en blanco. De la misma manera, no hay una forma cultural del ego. Sin importar de donde provengas, existe un sentido fundamental de «yo» que es el mismo para todos. No hay un sentido de «yo» para la gente de Nueva Delhi y otro para la gente de Los Ángeles. Además, el estado básico del sufrimiento parece manifestarse en todas partes, sin lealtad hacia ningún país o cultura. Afortunada o desafortunadamente, la raza humana comparte al menos estas experiencias, en las cuales no hay barreras o diferencias entre nosotros.

Del mismo modo, la experiencia de estar despierto es similar para todos. Es una experiencia de la mente que trasciende la cultura. La sabiduría que trae la experiencia del despertar también debe ser universal, o cada país necesitaría su propio «Buda» para sus ciudadanos. Si hay una naturaleza asiática de la mente que es diferente de la americana, europea o africana, tendríamos entonces que concluir que no tiene sentido enseñar la sabiduría del Buda en ningún lugar, salvo en Asia. Si lo admitimos todos, podríamos ahorrarnos una gran cantidad de tiempo, dinero y dolores de cabeza. No obstante, cuando miramos alrededor, vemos que la sabiduría, también, se manifiesta en todas partes. Parece no tener favoritos. Oriente u Occidente: mismo sueño, mismo sufrimiento; mismo despertar, misma felicidad.

Ir hacia delante: en qué apoyarse

Con todos los maestros y enseñanzas diferentes a los que estamos expuestos en estos días, ¿cómo sabemos a quién escuchar y en qué enseñanzas podemos confiar? El Buda abordó la pregunta sobre la autoridad espiritual en una enseñanza que llegó a denominarse los Cuatro Apoyos. Estos Cuatro Apoyos pueden ayudarnos a desarrollar una mejor comprensión de cómo seguir adelante en esta cultura y en este tiempo. El Buda dijo:

- Apóyate en la enseñanza, no en la persona.
- Apóyate en el significado, no en las palabras.
- Apóyate en el significado definitivo, no en el significado provisional.
- Apóyate en la sabiduría, no en la conciencia.[4]

Deberíamos hacer un cartel con estas instrucciones y colgarlo en todos lados: en nuestra sala, cocina, recámara, baño, en los suelos y los techos. Tan importantes son. Cuando practicamos estos Cuatro Apoyos, tenemos la confianza de que estamos en el camino correcto y que recibiremos su pleno beneficio.

Primer apoyo: apóyate en la enseñanza

Cuando el Buda dice: «Apóyate en la enseñanza, no en la persona», esto significa que no nos debemos dejar engañar por las apariencias. El maestro puede ser muy atractivo, provenir de una familia ilustre y andar en una limusina con muchos asistentes. Inversamente, él o ella podrían parecer bastante ordinarios y vivir en circunstancias humildes. Ya sea que el maestro sea asiático u occidental, hombre o mujer, joven o viejo, convencional o no convencional, famoso o desconocido, puedes juzgar si está calificado y es confiable observando la calidad y eficacia de sus instrucciones, su grado de introspección y realización, así como sus conexiones con el linaje. Esto es importante, pues ha habido muchos maestros valiosos cuya apariencia y estilos de vida no correspondían con las expectativas de sus estudiantes. Por lo tanto, debes apoyarte más en la enseñanza que en lo que piensas o sientes acerca de la persona que te la brinda.

Segundo apoyo: apóyate en el significado

Aquí el mensaje del Buda, «Apóyate en el significado, no en las palabras», se refiere a que debes apoyarte en el significado que se está señalando y no solo en nuestro entendimiento conceptual de las palabras. El significado es transmitido por las palabras, pero no es las palabras en sí. Si nos quedamos atrapados en el nivel de las palabras, podríamos pensar que nuestro entendimiento conceptual es absoluto, una verdadera experiencia de la realización. No obstante, debemos entender que las palabras son como el dedo que apunta a la luna. Si solo miramos el dedo, nos quedamos en el nivel del concepto. Solo entenderemos completamente el sentido de las palabras cuando dejemos de mirar el dedo y volteemos hacia la luna. Hacemos esto reflexionando profundamente sobre lo que hemos oído, hasta que nuestras reflexiones nos llevan más allá de las palabras hacia una experiencia más directa y personal de su significado. Solo sabrás lo que es el té Earl Grey bebiéndolo en tu taza. Solo sabrás lo que es el vacío descubriendo la experiencia dentro de ti mismo.

Tercer apoyo: apóyate en el significado definitivo

Con la instrucción «Apóyate en el significado definitivo, no en el significado provisional», el Buda señala que necesitamos saber no solo el significado de las palabras, sino también cuándo un significado es «definitivo» y cuándo es «provisional». Esa es otra manera de decir que algunos significados son últimos o absolutos y algunos son relativos.

Un significado último es final y completo, así es como en verdad es y no hay nada más que decir al respecto. Un significado relativo podría ser un entendimiento importante y poderoso, pero no es final o completo; es algo que tiene el propósito de llevarnos más allá. Aprendemos muchas verdades relativas en nuestro camino hacia el entendimiento de la verdad última. Por ejemplo, cuando el Buda enseñó la verdad del sufrimiento, ello lo ayudó a llevar a la gente al camino que la liberaría del sufrimiento. Sin embargo, el sufrimiento es de naturaleza relativa; no existe en la naturaleza última de la mente. Lo que sí existe es la ausencia del yo, la compasión, la alegría, el despierto, etcétera. Esa es la naturaleza última de la mente. En el tercer apoyo, el Buda dice que nos apoyemos en los significados que son definitivos o últimos. Si intentáramos agarrarnos a nuestra creencia sobre el sufrimiento como una verdad última, entonces nunca podríamos experimentar la alegría de estar libres del sufrimiento.

Cuarto apoyo: apóyate en la sabiduría

Aquí el Buda está diciendo que para experimentar y comprender directamente el significado definitivo o último del que estamos hablando, necesitamos apoyarnos en la sabiduría –la capacidad de la mente de conocer de una forma no conceptual– y no en nuestra conciencia dualista. Cuando decimos «conciencia», estamos hablando sobre la mente relativa: las apariencias de las cinco percepciones sensoriales y la mente conceptual que piensa. ¿Cuál es su relación con la sabiduría? Son las manifestaciones y el juego de la sabiduría misma. Tan vívidas como son, estas apariencias no tienen existencia sólida. Sin embargo, hasta que reconocemos eso, puede ser difícil ver la sabiduría inherente a todas nuestras experiencias, en especial a nuestros pensamientos y emociones. Entonces, ¿cómo practicamos este apoyo? Una vez que lo entendemos intelectualmente, necesitamos desarrollar más confianza en ello y hacerlo parte de nuestra experiencia ordinaria. Por ejemplo, cuando surge un pensamiento, recordamos que es solo un pensamiento. Si es un pensamiento de enojo, el deseo de lastimar a alguien, podemos usar ese mismo pensamiento para hacer una conexión con la sabiduría, primero a un nivel relativo. Si mezclamos nuestro enojo con el pensamiento de compasión, entonces eso cambia de manera fundamental la señal que estamos enviando. Trae un sentido de apertura y de conexión sincera que puede permitirnos una mejor relación en el futuro. Así que, hasta que seamos capaces de conectar con la sabiduría última, es importante que recordemos establecer una conexión con las cualidades de la sabiduría relativa, un sentido simple de apertura y compasión hacia nosotros mismos y los demás. Cuando podemos hacer eso, estamos apoyándonos en la sabiduría y no en la conciencia.

Cuando examinamos estos Cuatro Apoyos, nos resulta mucho más claro que el Buda nos muestra cómo apoyarnos en nosotros mismos y tener la capacidad de discriminar y cómo evitar la confusión no tomando a una autoridad inferior como una superior. Estos Cuatro Apoyos apuntan a la fiabilidad de nuestra propia inteligencia y nuestra capacidad para reconocer la verdad. También podemos ver que el Buda está diciendo que la guía última de nuestro camino es la sabiduría, no ningún conjunto fijo de formas, rituales o prácticas culturales.

15. Crear comunidad
Consejos del corazón del Buda

Antes de que el Buda muriera, sus estudiantes preguntaron cómo deberían continuar su comunidad, que se apoyaba en muchas reglas de conducta, así como en enseñanzas para trabajar con la mente. El Buda dijo que, cuando él ya no estuviera, la comunidad budista debería continuar «según los tiempos y la sociedad». Estaba diciendo que la comunidad budista debería cambiar según fuera necesario para permanecer acorde a los tiempos y relacionarse de manera armoniosa con la sociedad. Este es el consejo del corazón del Buda.

Con el fin de ver el camino a seguir, tenemos que determinar dónde estamos ahora, lo que quiere decir que tenemos que ver nuestra propia cultura. No son solo algunas otras personas las que tienen hábitos y apegos, costumbres y puntos de vista culturales. Tenemos que ver que la cultura existe en ambos lados. Ya sea que vengamos del lado occidental o asiático, podemos ser como peces nadando en el océano. Los peces ven todo lo que está en el océano, pero no se ven ni a sí mismos ni al agua en la que están nadando. Del mismo modo, podemos ver fácilmente los hábitos y costumbres de los demás, pero permanecer ciegos en relación con los propios. A medida que nos volvemos más conscientes de nuestro ambiente cultural, empezamos a ver cómo armamos nuestro mundo. Comenzamos a reconocer cómo construimos la cultura y la identidad con la mente y cómo la mente etiqueta todo y lo sella con valores. Una vez que vemos esta conexión, estamos viendo el agua misma, el estado despierto sin prejuicios que permea nuestra experiencia. Necesitamos este tipo de claridad para evitar volvernos simplemente importadores y exportadores de cultura. Quizá exista un mercado para ello, pero no es para lo que estamos aquí. Esto podría ser nuestro medio de vida, pero no nuestro camino espiritual.

¿Así que cómo evolucionará el budismo contemporáneo y cómo se verá? Si aceptamos la palabra del Buda, entonces podemos relajarnos y dar tiempo para que el budismo y nuestras diversas culturas se mezclen. Sin embargo, el «semblante» del budismo, las formas que surgen orgánicamente a medida que traemos nuestra comprensión a nuestra actividad humana serán diferentes en Polonia que en Perú, por ejemplo, donde jóvenes pero fuertes comunidades budistas se están desarrollando hoy en día. A menudo deseamos saber: «¿Estamos haciéndolo bien?». Mientras que la esencia del budismo, su sabiduría, esté en el corazón de cualquier forma cultural de budismo, puede ser correcto para ese tiempo y lugar.

Budismo en América

Podríamos afirmar que el budismo desarrolla su identidad cultural madura de una manera similar al camino espiritual de un individuo. El budismo americano está atravesando ese proceso ahora. Primero hubo un periodo de entrenamiento básico, cuando todos estaban aprendiendo solo lo que era el budismo y cómo ser un budista de cualquier tipo. Durante este periodo, todo el mundo tendía a seguir de cerca las formas y prácticas de su escuela particular. Ser un «budista americano» no era aún la preocupación de nadie. Los grupos budistas estaban algo aislados de la comunidad general al principio. Después, tras unas cuantas décadas, el budismo y los budistas empezaron a integrarse más en sus comunidades y a verse y a sentirse más como ellas. En la actualidad, no es tan fácil detectar a los budistas en la calle por lo que llevan puesto. Ahora estamos en el periodo de ser simplemente quienes somos y apreciar nuestra forma americana de ser neuróticos, así como de estar despiertos.

Parece ser que nos encontramos en un punto donde pueden reunirse nuestro budismo y nuestro americanismo. Esperemos que cuando demos ese paso, podamos ir más allá del sectarismo cultural y espiritual y convertirnos en una voz de razón y compasión en nuestra sociedad. El budismo tradicional y nuestro joven budismo americano no siempre parecen estar hablando de lo mismo. Esto puede ser una causa de angustia ocasional, pero los padres siempre se preocupan por sus hijos, quienes siempre piensan que saben más y que son más buena onda que sus padres. Pero toda generación es nueva y tiene que hacer sus propios descubrimientos en torno a este viaje de iluminación. Cuanto más lejos lleguen en su camino, más orgullosos estarán de su historia familiar y más la respetarán. Así es la vida en cualquier familia, ¿o no?

Así que aquí estamos, transformando y transformándonos. Las organizaciones budistas de la actualidad ya han sufrido cambios por su encuentro con la cultura americana. Los estudiantes pueden venir a los centros de *dharma* para aprender filosofía oriental y la práctica de la meditación, pero en el momento que cruzan la puerta, traen consigo a América. Con su entendimiento sobre la administración de negocios, el desarrollo organizacional, el derecho y las finanzas, estos estudiantes están ayudando a crear centros de *dharma* sanos, democráticos y sostenibles. Otros estudiantes están conectando sus centros al internet, creando un bello trabajo de diseño, traduciendo, publicando, impartiendo clases y organizando eventos sociales. Un centro de *dharma* no es ya necesariamente un lugar solo para actividades contemplativas. Puede ser una comunidad plenamente capacitada para el aprendizaje de todo tipo, con actividades sociales para jóvenes y viejos y familias con niños. Esto es una desviación de las organizaciones de *dharma* tradicionales, pero esta transición es de vital importancia para que el budismo sea viable en América.

Necesitamos ver la cara americana de las enseñanzas del Buda en la sociedad contemporánea. Esto también significa que necesitamos ver lo que la sabiduría budista comparte con otras tradiciones de sabiduría y con la sabiduría innata que es un derecho natural de todos. Necesitamos salirnos de una mentalidad que ve un tipo de sabiduría aquí y otro allá. Mis estudiantes me dirán que han leído algo o visto una película con la que están entusiasmados porque «es muy budista» sin ser budista. Constantemente me están educando respecto a la cultura americana. Me envían libros, discos compactos y vínculos a sitios web. No importa si algo proviene de Oriente o de Occidente, si es sabiduría milenaria o tecnología de vanguardia. Quieren saber más de ello si tiene algo relevante que aportar a su vida. Puede tratarse de cómo funciona la mente o de cómo vivir de manera más ecológica o empezar un negocio. Cada día me están mostrando cómo la vida mundana y el camino espiritual empiezan a volverse uno. Hemos estado hablando al respecto desde siempre, pero otro asunto es llevarlo a cabo. Si podemos superar nuestra idea de que la sabiduría es exclusiva de ciertas personas o grupos, entonces nuestro mundo se expande dramáticamente.

El Buda entonces y ahora

¿Qué estaría pensando y haciendo el Buda si estuviera vivo en la actualidad? Es probable que estuviera hablando con neurocientíficos y físicos y con los teóricos de los estudios sobre la conciencia. Estos científicos plantean preguntas como las que hizo el Buda hace mucho, solo que están usando el lenguaje de la biología, las matemáticas y la filosofía. Si tal encuentro tuviera lugar, podríamos quizá escuchar algunas nuevas enseñanzas interesantes del Buda. Por otro lado, podríamos beneficiarnos con el desarrollo de nuevas teorías científicas. Para nosotros mismos, en esta época, deberíamos preguntar cómo los datos de la investigación proveniente de estos campos impactarían en nuestra visión budista del mundo y lo que hacemos en el cojín. Este conocimiento no existía de estas formas durante la época del Buda. Por otro lado, ¿qué papel desempeña la ciencia en el punto donde el concepto se detiene y la observación y la medición estilo laboratorio se vuelven imposibles? En cualquier caso, el encuentro de la ciencia y el budismo que está llevándose a cabo en la actualidad está produciendo un diálogo Oriente-Occidente que es rico y provocativo en extremo. Es un diálogo que continúa ejerciendo presión en la frontera entre lo conocido y lo desconocido, o la verdad relativa y la absoluta. No es que nadie espere que cambie la realidad como resultado, pero por supuesto que nuestro conocimiento acerca de ella está creciendo de formas dramáticas e instructivas.

Sin embargo, el conocimiento que no se pone al servicio de la compasión solo beneficia a los que lo poseen, lo cual es un desperdicio de sabiduría. Una de las más grandes contribuciones que podemos hacer a nuestro mundo es aprender cómo vivir en armonía los unos con los otros. En su vida, el Buda estuvo muy interesado en la creación de una comunidad armoniosa, y los cientos de reglas monásticas que estableció se crearon no solo para ayudar a los monjes y a las monjas individuales a alcanzar su propia liberación, sino también para promover condiciones de convivencia no violentas y armoniosas. Nuestras modernas comunidades budistas no son centros de retiro o monasterios, pero aun así podemos tener la misma meta, incluso si no tenemos las mismas reglas.

Así que «en concordancia con los tiempos y la sociedad», si el Buda estuviera con nosotros hoy en día, podría enviarnos a todos a capacitarnos en dinámica de grupos, creación de equipos y resolución de conflictos. También podría mandarnos con psicólogos para que nos ayudaran a lidiar con nuestros problemas personales, así no tendría que oírnos hablar sobre ellos todo el tiempo y evitaría que se derramaran sobre las vidas de nuestras familias y comunidades. Ser buen meditador no significa necesariamente que nos comunicamos bien o que tenemos las habilidades interpersonales necesarias para llevarnos bien con los demás. Si carecemos de estas habilidades, deberíamos entonces pensar en entrenarnos en ellas. Nunca desarrollaremos comunidades estables y armoniosas si constantemente tenemos que decir: «¡Eso no fue lo que quise decir!». Al mismo tiempo, podemos aportar nuestro entendimiento sobre los beneficios de la meditación y el entrenamiento en la atención plena-capacidad de darnos cuenta a estos sistemas educativos.

Lo que nos sea útil al trabajar con nuestras mentes y emociones puede ser parte de nuestro camino, cuando lo incluimos con la práctica de la atención plena y la meditación. Todo es parte de aprender a ser seres humanos despiertos y conscientes que puedan aportar algo significativo a nuestro mundo. A lo largo de la historia budista, las artes siempre se han considerado una manera importante de trabajar con nuestras emociones y compartir nuestra experiencia humana al mismo tiempo: nuestra felicidad y tristeza, alegrías y penas. Nuestra mente es naturalmente creativa, aunque a veces bloqueamos esa creatividad. Cuando nos entrenamos en una de las artes, aprendemos a aplicar un sentido de disciplina a nuestras emociones; pero al mismo tiempo, nutrimos nuestra creatividad y sabiduría intuitiva. Además, el arte que se lleva a cabo sobre el escenario tiene un poder especial para comunicarse con una audiencia. Cuando se hace esa conexión, la gente en la audiencia no está separada de los artistas. También ellos se vuelven artistas, de algún modo. Un tipo de sincronización mente-cuerpo tiene lugar entre la audiencia y los artistas en el escenario.

El punto es que cualquiera que sea nuestra ocupación o intereses, podemos hacer de nuestro camino una forma de vida y de nuestra vida una base para expresar nuestra sabiduría y compasión en el mundo. El Buda mismo no solo estaba interesado en la verdad última y en la liberación de los individuos de su sufrimiento. Pensó profundamente sobre el bienestar de la sociedad, y sus enseñanzas reflejan la conexión entre el desarrollo del individuo y las instituciones sociales de todo tipo. Enseñó que debemos empezar nuestra jornada espiritual trabajando con nosotros mismos y desarrollando nuestro propio entendimiento. Entonces, paso a paso, alcanzamos un nivel de realización en el cual podemos abrir nuestros corazones a todos los seres vivientes. De esta manera, el desarrollo progresivo del individuo se vuelve la base del desarrollo de la armonía y cohesión sociales.

En enseñanzas seculares menos conocidas, el Buda describió un sistema de organización social basado en principios democráticos que es sorprendente en cuanto a sus detalles y alcance. Discutió métodos para la elección de un jefe de Estado, los requisitos de diversos líderes y sus obligaciones para cuidar a la gente. Habló de cómo crear una economía estable que protegiera contra el desempleo y la escasez de alimentos y proporcionara suficiente abrigo y medios de comunicación para sus ciudadanos. Incluso describió la situación en la cual un gobierno podría encargarse adecuadamente de entidades en aprietos, cuya riqueza fuera parte vital de la salud económica de la nación, o sacarlas de apuros. Aseveró que era responsabilidad del Estado educar a los ciudadanos, superar el partidismo y reunir a gente de diferentes creencias religiosas y filosóficas en un estado de verdadera cooperación. También discutió la necesidad de contar con un ejército fuerte y vigilante para proteger la vida y propiedad de los ciudadanos. Asimismo abogó por el establecimiento de un sistema judicial justo y decidido que hiciera cumplir la ley, aunque de manera que buscara mejorar la conducta de los criminales. En todas estas áreas, los principios rectores fueron la gentileza amorosa, la compasión, la generosidad y la ausencia del yo.[1]

De acuerdo con el Buda, todas las personas somos fundamentalmente iguales, sin importar cuál sea nuestro estatus social, riqueza, etnicidad, raza, género o a quién amemos. La única base para el juicio son nuestras acciones. Por lo tanto, en el mundo budista, no debe haber ninguna barrera invisible e infranqueable que las minorías deban romper, ni cuotas de inmigración o ciudadanos de segunda clase. Si las comunidades que estamos desarrollando no son en verdad abiertas e inclusivas, no serán fuertes, vibrantes o perdurables. Por otro lado, no estamos tratando de atraer a un grupo demográfico en particular, como los políticos que tratan de expandir su base. No estamos tratando de obtener la participación más grande de mercado de «los interesados en la espiritualidad» para que llenen asientos en los programas y compren nuestras playeras. No buscamos nada artificial en absoluto. Tratamos simplemente de ser personas genuinas que aspiran a conectarse con nuestro mundo. Si eso no es suficiente, entonces no tenemos adónde ir como seguidores del Buda, ya sea en América o en cualquier otro lugar.

Deshacernos de nuestros cojines culturales

Los pioneros del budismo occidental tuvieron que superar ciertas barreras para darle sentido a esta tradición «nueva» y practicarla. No solo estaban encontrándose con una cultura extranjera, sino que también estaban hallando conceptos extraños como ausencia del yo y vacuidad que tenían poco sentido para la mente occidental. Pero dijeron sí a la meditación y a trabajar con el ego. Ahora, casi cincuenta años después, es tiempo de un cambio. Estamos atorados en un cierto nivel de nuestro desarrollo espiritual. Lo que nos despertaba al principio apenas nos saca ahora de nuestros pensamientos. Lo que apoyaba nuestro cuestionamiento respecto a quiénes somos ahora obstaculiza nuestra experiencia de ello. Ahora tenemos que preguntarnos cómo abrir paso otra vez. Esta vez se nos desafía a que atravesemos nuestro apego a todo lo que nos trajo a este punto: las culturas espirituales que respetamos y emulamos tanto que se han convertido en otra trampa para nosotros.

Podrías decir: «Ese no es mi problema. Alguien más podría estar haciendo eso, pero yo no soy tan estúpido». Si esa es tu postura, entonces yo diría: «Mira de nuevo». Aún estamos arrastrando colectivamente viejas formas e ideas al presente. Sin tan siquiera notarlo, estamos caminando por la calle portando las ropas y la parafernalia de otro tiempo y lugar –al menos, metafóricamente–. La razón de esto es que aún pensamos que la espiritualidad está «allá». No pensamos que la espiritualidad está justo aquí con nosotros, en nuestra vida diaria. Esa es la razón por la que soñamos con ir a Asia o encontrar a alguien llamado gurú.

Cuando el Buda despertó, estaba sentado sobre un cojín de pasto bajo un árbol en un bosque. No había nada particularmente sagrado alrededor de él; no estaba haciendo nada, salvo observar su mente. Todo lo que tenía era su experiencia en la vida y su entendimiento de cómo trabajar con su mente. Sus únicas otras posesiones eran su determinación y su confianza en que podría lidiar con lo que ocurriera en su mente y transformarlo en un camino para despertar.

Muchas veces les he dicho a los estudiantes que salgan al exterior y mediten: «¡Sentaos en el banco de un parque, respirad el aire fresco, mirad al cielo! Es tan bello». Sin embargo, a muchos esto les parece difícil, pues piensan que no están en una «atmósfera de práctica». Están sin su altar, su Buda, sus cojines y sus biblias de meditación. Cuando se trata de practicar en casa, no se les ocurre que puedan sentarse en la silla que heredaron de su abuela o en una almohada que compraron en Sears. Piensan: «Necesito un *zafu* japonés o un *gomden* tibetano, los productos estandarizados con las dimensiones correctas de un proveedor oficial de meditación. Sin ellos, ¡no puedo meditar!». En ese caso, supongo que el tiempo que pasamos en el supermercado o conduciendo un auto o haciendo cualquier otra cosa es bastante inferior al tiempo que dedicamos a hacer nuestra práctica «real» en la sala de meditación. Pero, por favor, ¿cuál es la diferencia entre tu mente que conduce, tu mente que compra y tu mente que se sienta a meditar? ¿Tienes diferentes tipos de pensamientos y emociones?

Cuando adoptamos demasiados aspectos de la cultura de la cual estamos aprendiendo, nos empezamos a sentir presionados por ella. Dejamos de relacionarnos con la inmediatez de las situaciones. En cambio, nos relacionamos con lo que ocurre enfrente de nosotros a través de un filtro de reglas. Especialmente en la sala de meditación, hay un sentido de regla no dicha. Si no seguimos esa regla, nos sentimos en extremo incómodos. El maestro entra, y nos inclinamos. Esta es una regla. Entraríamos en choque si se nos pidiera hacer algo diferente. Sentiríamos como si estuviéramos haciendo algo incorrecto. Sin embargo, no vemos a la persona real entrando; no hacemos contacto porque ya estamos pensando: «Oh, es un gran ser reencarnado. Fue reconocido antes de su nacimiento y entrenado de tal y tal manera». Esas son nuestras estupideces conceptuales.

Si nos vemos como budistas y hablamos como budistas y nos sentamos en un cojín como todos los demás budistas, entonces pensamos que automáticamente estamos siguiendo las enseñanzas del Buda. Pero todos esos conceptos nos están desconectando de la simplicidad total del ejemplo y el mensaje del Buda. Hacemos lo que hacemos simplemente para despertarnos, simplemente para ser libres. Cualquier forma que usemos es solo un apoyo para lograr ese propósito. Podríamos ser perfectos en la ejecución de mil rituales, y todos ellos podrían carecer de significado y beneficio si no nos conectamos con nuestro corazón. Si no estamos desarrollando nuestra capacidad de darnos cuenta en la vida diaria, entonces estamos perdiendo de vista el objetivo.

Un linaje genuino de budismo americano u occidental dentro de cualquier cultura contemporánea particular puede desarrollarse solo cuando tenemos una conexión directa con las enseñanzas, una que sea personal y experiencial y que nos traiga de vuelta a nuestra propia vida, nuestra propia mente. Esto solo será posible atravesando esta corazade obstrucciones que hemos construido capa por capa a partir de estas tradiciones culturales. No estamos hablando simplemente de cambiar una forma por otra forma. Eso no es cambio. Eso sería más como una toma corporativa, como Visa apoderándose de MasterCard, lo cual solo significaría que nuestros recibos llegarían con un logo diferente. Tampoco estamos hablando de simplemente ignorar todos los aspectos de la cultura espiritual asiática y esperar que quede algo que pueda convertirse en budismo occidental. No es solo ignorando las formas de otra cultura que nuestra propia tradición evoluciona.

¿Qué nos libera de nuestro atoramiento? ¿Qué atraviesa nuestros bloqueos psicológicos? Necesitamos la valentía de nuestro corazón de buda rebelde para saltar más allá de las formas, para profundizar más en nuestra práctica y encontrar una manera de confiar en nosotros mismos. Debemos convertirnos en nuestro propio guía. En última instancia, nadie más puede conducirnos a través del paisaje de nuestra propia vida. Cuando nos ponemos de pie de este modo, no estamos aislados de todo lo que vino antes de nosotros. El pasado se vuelve un verdadero sostén por primera vez, y no en una traba. Nos sentimos entusiasmados con su sabiduría y energía, sin embargo, el espacio abierto frente a nosotros es nuestro para navegarlo. Es una aventura. Lo que hacemos tiene propósito y significado: nuestros descubrimientos nos traen un verdadero sentido de libertad y a la larga se vuelve un apoyo para otros viajeros. Esta es la manera en que desatamos los nudos que nos sujetan y permitimos que evolucione una tradición genuinamente contemporánea y relevante, junto con las formas de su expresión.

Si no podemos hacer eso, entonces quizá deberíamos empezar de nuevo. Podemos deshacernos de todos nuestros cojines y todos nuestros atavíos espirituales, incluyendo nuestro aferramiento a nuestra identidad como budistas, y empezar de nuevo sentándonos simplemente en un cuarto vacío con paredes completamente blancas. Esto podría sonar extremo, pero ya estamos en un extremo –¡demasiada cultura!–. Por el momento, quizá sería mejor columpiarnos hacia el extremo opuesto del espectro, el extremo de la «no cultura», y luego regresar de manera lenta a un punto intermedio. A veces ir a un extremo es la única manera de poner en marcha una revolución de la mente. Si tratáramos de movernos directamente de nuestro apego desmedido a la cultura hacia un lugar donde puedan coexistir la cultura y el no apego, entonces siempre tendríamos margen para interpretar: «Sí, estoy sentando en mi sala de meditación. Sí, estoy inclinándome cuando entro y salgo. Pero no estoy apegado a nada de ello». Es difícil romper los viejos hábitos. Siempre volvemos a nuestro aferramiento cómodo. Es demasiado fácil regresar a ese punto e interpretarlo como una zona libre de cultura. No obstante, si se nos lanza al otro extremo, entonces no hay espacio para la interpretación porque no hay una forma a la cual aferrarnos. No tenemos que preocuparnos de quedarnos ahí atorados, pues nuestras tendencias habituales empezarán a llevarnos de vuelta en la otra dirección, como un poderoso imán. Quizá oscilemos de un lado al otro por un rato, pero eventualmente la oscilación entre estos dos polos se hará más lenta y se detendrá en el medio. Este enfoque conduce al descubrimiento del camino medio.

Eso es exactamente lo que el Buda hizo hace tanto tiempo. Su descubrimiento de un camino medio más allá de todos los extremos lo condujo a su hallazgo final: su liberación de todos los malentendidos en el espacio del estado despierto total. Podemos recordar su ejemplo y tratar de seguirlo. Esta es la razón por la que tenemos una imagen del Buda donde practicamos sentados y observando nuestra mente directamente. El Buda no es un objeto de adoración, sino de inspiración. Recordarlo es como mirar un espejo. Nos vemos en el espejo todos los días para peinar nuestro cabello, afeitar nuestra barba o ponernos maquillaje. Pero, en este caso, estamos mirando para tratar de ver nuestro ser verdadero, la cara de nuestra iluminación. Ver de esta forma envía un mensaje. Es como decirnos: «Sí, también eres un buda. Tienes el mismo potencial de iluminación. Puedes despertar en cualquier minuto, del mismo modo que Buda Shakyamuni y muchos otros». Por lo tanto, al recordar al Buda, lo que estamos haciendo es tratar de ver nuestra propia naturaleza despierta. Tratamos de ver cómo todas estas enseñanzas existen en nuestra vida diaria: al tomar lecciones de piano, al llevar a nuestros niños a la escuela, al caminar a casa desde un bar o al encerrarnos en un retiro de tres años: todas estas situaciones son lo mismo.

Recordamos el camino que nos lleva a ese despertar recordando las enseñanzas del Buda, y recordamos, también, el linaje de las personas que han recorrido ese camino –y lo están recorriendo ahora– hacia la libertad. Cuando las recordamos, esto nos da ánimo, porque vemos que la iluminación no es solo un suceso histórico que ocurrió una vez, hace miles de años. La iluminación está viva hoy en día en la forma de grandes maestros y comunidades de practicantes dedicados, en Oriente y Occidente. Ellos, también, son espejos de la iluminación, en los cuales podemos ver nuestra propia cara. Cuando vemos de esta manera, trascendemos la dualidad. No hay sujeto u objeto en ese momento de apertura; no hay diferencia entre sus mentes y nuestra mente, entre su iluminación y nuestra iluminación. Las dos se vuelven una.

Nota de la editora
de la edición en inglés

El buda rebelde es el resultado de la reunión de dos series de enseñanzas sobre el *dharma* y la cultura presentadas casi con diez años de separación. Las primeras enseñanzas fueron dadas por Dzogchen Ponlop Rinpoché en el otoño de 1999 para el *sangha* de Nalandabodhi Boulder, Colorado. Sorprendentemente directas y coloridas, desafiaron al joven *sangha* a «dar un salto más allá» de las meras formas culturales de la práctica espiritual para experimentar su sabiduría medular sin forma. Una década después, en el verano de 2008, Rinpoché se dirigió a una gran asamblea de sus estudiantes de Nalandabodhi en Nalanda West, Centro de Budismo Americano, en Seattle, Washington. Durante un periodo de diez días, describió el viaje espiritual budista en términos tan ordinarios y desprovistos del vocabulario budista que les tomó a los presentes algunos días darse cuenta de lo que estaban escuchando: una presentación precisa del viaje espiritual que se enfocaba en la experiencia interna del viajero más que en sus fundamentos filosóficos. Estas enseñanzas trajeron a la mente el entusiasmo e inmediatez de las «Pláticas de Boulder», y solo fue una cuestión de meses que decidiera combinarlas en la forma de un libro, y así nació *El buda rebelde*.

Rinpoché estuvo involucrado activamente en el proceso editorial de principio a fin. Guio la organización total del libro, empezando con el desarrollo del diseño preliminar. Los contenidos de las dos series de conferencias se complementaron con fragmentos de otras

enseñanzas de Rinpoché, en particular, ciertas descripciones de la naturaleza de la mente y las instrucciones de meditación, que se habían
ofrecido en momentos diferentes. Debido al programa de viajes de
Rinpoché, le envié cada borrador por correo electrónico. Periódica-
mente, le leía secciones del libro por teléfono o en persona si estaba
en Seattle. Durante las lecturas en vivo, él daba instrucciones para
cambios, hacía correcciones y algunas veces dictaba texto nuevo. Lo
hizo todo muy rápido, aparentemente sin pensar. Siempre insistió en
que el lenguaje del libro debía ser reflejo del habla ordinaria de todos
los días, de manera que cualquier interesado en el camino espiritual
pudiera tomar el libro y sacar algo de él.

Además, durante el trabajo con el manuscrito, Rinpoché no solo
entabló una conversación vivaz acerca de la cultura y el *dharma* conmigo y con otros, sino que se deleitó al señalar el *dharma* genuino
que está presente naturalmente en nuestras vidas diarias, así como
el falso «*dharma* espantapájaros» que detectó en ocasiones cuando
adoptábamos nuestra personalidad de «buenos budistas». En respuesta a la pregunta de algún estudiante, podía responder con un poema
escrito recientemente, una cita de Albert Einstein o Jimi Hendrix o
una canción de rock de su iPod. Todos estos tipos de intercambios
–directos, indirectos y enigmáticos– ayudaron a documentar y dar
forma al contenido de este libro.

Después de dedicar alrededor de un año –que no es mucho tiempo para crear un libro– a leer y organizar este ciclo de enseñanzas,
aún me impresiona la enorme cantidad de información contenida en
tan pocas palabras: una contemplación sobre la cultura, una descripción completa del camino budista, así como consejos e incentivos
bien considerados sobre cómo construir una comunidad budista y
establecer un linaje genuino de despertar en el espiritualmente fértil

Occidente. Estoy enormemente agradecida con Rinpoché por estas enseñanzas y por la oportunidad de haber trabajado con ellas. Estoy inconcebiblemente feliz de verlas salir al mundo.

CINDY SHELTON
Nalanda West, Seattle, Washington

Agradecimientos de la editora de la edición en inglés

Agradezco a las muchas personas que, colectivamente, han creado las condiciones auspiciosas para la aparición de *El buda rebelde*, la contemplación singular e inspiradora de Dzogchen Ponlop Rinpoché sobre el camino espiritual budista y su encuentro con Occidente. En primer lugar, es necesario reconocer el trabajo de los estudiantes de Nalandabodhi, la red de meditación y centros de estudio de Rinpoché, y darles las gracias. Rinpoché presentó estas enseñanzas por primera vez en Nalandabodhi Boulder, Colorado, y en Seattle, Washington, en Estados Unidos, y los miembros de Nalandabodhi grabaron, transcribieron y archivaron todas las charlas. Pat Lee, Dave Vitello y Robert Fors grabaron las enseñanzas en Nalanda West; Heather Chan y Megan Johnston las transcribieron; y Ayesha y Collin Rognlie mantienen el archivo de Rinpoché. Asimismo, Heather Chan y Gerry Wiener amablemente pusieron a nuestra disposición sus extensas notas sobre las enseñanzas en Seattle. En especial quiero agradecer el consejo y apoyo continuos de los excelentes maestros y traductores de Nalandabodhi; en particular, Tyler Dewar ofreció algunas perspicaces sugerencias editoriales y Karl Brunnholzl proporcionó «apoyo técnico» en la forma de asesoría erudita. También doy las gracias a Michael Miller y Diane Gregorio, presidentes de Nalandabodhi, por su ayuda y asistencia para lograr que el trabajo de Rinpoché esté disponible para el mundo.

Una mención especial merece Ceci Miller, con quien tengo una gran deuda por su asistencia editorial. Ceci revisó y comentó cada borrador del manuscrito con inteligencia, sensibilidad y rapidez fulminante. Ayudó a que *El buda rebelde* se convirtiera en el libro que se pretendía que fuera. También agradezco a Dennis Hunter su lectura detallada del texto y sus inteligentes sugerencias editoriales. Gracias a Stephanie Johnston, lectora informada y confiable, por sus útiles notas. Por su apoyo solidario y su sabio consejo, gracias a Mary Chung, Carlos Ferreyros, Marty Marvet, Lynne Conrad Marvet, Tim Walton, Midori McColskey y Mark Power. Un agradecimiento especial a Robert Fors por su gentileza diaria y su apoyo a las actividades de Rinpoché.

Agradezco a William Clark que representara el libro de Rinpoché con tanta habilidad y gracia. Mi gratitud para Peter Turner y Sara Bercholz de Shambhala Publications por su apoyo a este libro y su confianza en su visión. Ha sido un placer para mí trabajar con la editora de Rinpoché en Shambhala, Emily Bower. Tengo mucho que agradecer a Emily por sus indiscutibles habilidades editoriales, su paciencia, su aliento y su guía.

Mi más profundo agradecimiento a Dzogchen Ponlop Rinpoché, quien guio el desarrollo de este libro en cada etapa y continúa enseñándome las grandes lecciones de la vida, una de las cuales es la importancia de los detalles. En los libros y en nuestras vidas espirituales, ¡no hay que descuidar nada! Podrías sorprenderte de qué es lo que finalmente te despierta. Por último, gracias al buda rebelde, que estuvo detrás de esto desde el principio y estará con nosotros hasta el final.

CINDY SHELTON

Agradecimientos de los traductores de la edición en español

Es un gran honor haber contribuido a la traducción al español de *El buda rebelde*, proyecto que dependió de los esfuerzos y la visión de varias personas. En especial agradecemos la generosidad de Anna Su y su familia. Este proyecto no hubiera sido posible sin su amorosa contribución. También queremos expresar nuestro sincero agradecimiento al apoyo e interés que brindó Jay Sachs. Tuvimos en particular la fortuna de colaborar con Cindy Shelton, de quien no solo aprendimos de su saber e introspección editoriales respecto al contexto detrás de las palabras, sino que también nos beneficiamos de su entusiasmo y estímulo. Damos un reconocimiento muy especial a Adela Iglesias, cuya corrección del texto y pericia técnica, así como su amor por el *dharma*, resultaron claves para la traducción al español. Gracias a William Clark por su gentiliza para establecer el marco legal que permitió la publicación en español de *El buda rebelde*. Ofrecemos nuestra gratitud a Acharya Tashi Wangchuk por las innumerables maneras en las que ha apoyado este trabajo. Y sobre todo, nuestro agradecimiento de todo corazón a Dzogchen Ponlop Rinpoché por darnos este regalo de riquezas que atesorar. Que sus enseñanzas florezcan en todos los lenguajes y en cada rincón del mundo.

GABRIEL NAGORE CÁZARES y ELLEN SUE WEISS

Apéndice 1
Instrucciones para la práctica de meditación

La práctica de la meditación es básicamente un proceso de conocerte a ti mismo familiarizándote con tu mente. La visión budista de la mente es que siempre está despierta. Su naturaleza es conciencia y compasión. Para descubrir y gozar plenamente de la naturaleza de la mente, el Buda enseñó varios métodos de meditación. Cualesquiera que sean las prácticas de meditación que hagamos, todas buscan aumentar nuestra atención plena y nuestra capacidad de darnos cuenta, fortalecer nuestro sentido de paz interior y mejorar también nuestra habilidad para lidiar con nuestras emociones.

La meditación de morar en calma, o *shamata*, es una práctica que nos ayuda a desarrollar un estado mental pacífico, junto con la habilidad de permanecer en un estado pacífico durante periodos crecientes de tiempo. Normalmente, nuestra mente es un torbellino de pensamientos, así que «paz» es tranquilizar la agitación y el estrés de la mente provocados por este torbellino.

Nuestras mentes no solo están ocupadas pensando, sino que nuestros pensamientos suelen estar dirigidos hacia atrás o hacia delante, mientras revivimos eventos pasados o imaginamos y nos preparamos obsesivamente para el futuro. No solemos experimentar el momento presente para nada. Mientras este proceso continúe, nuestra mente nunca descansa. Es difícil percibir algún sentido de contento o satisfacción viviendo en un pasado recordado o en un futuro que es principalmente proyección y especulación. Si alguna vez llegamos de hecho a un momento que hayamos imaginado, ya nos estamos preparando para otro futuro, uno mejor y más brillante.

La primera forma de morar en calma, o meditación sentados, reduce la velocidad de este torbellino de pensamientos. Cuando la meditación sentados se practica a lo largo del tiempo, la mente empieza a caer de manera natural en un estado de descanso, que nos permite estar totalmente presentes en nuestra vida. Cuando no estamos atraídos por el pasado o el futuro, podemos relajarnos y empezar a experimentar genuinamente el momento presente.

La meditación nos ayuda también a tener éxito en los otros dos tipos de entrenamiento: disciplina y conocimiento superior. Los tres dependen de nuestra habilidad para enfocarnos en nuestro camino, ver con claridad lo que estamos haciendo y entender por qué lo estamos haciendo. Practicamos los tres entrenamientos de manera que podamos liberarnos de nuestros patrones habituales e ideas equivocadas que ocasionan que suframos y mantienen ese sufrimiento en marcha.

A continuación están las instrucciones para una postura recomendada de meditación y para tres tipos de meditación sentados; dos se basan en observar la respiración y una en observar un objeto externo.

Meditación sentados

Para empezar una sesión de meditación sentado, primero necesitas un asiento cómodo. Puedes usar cualquier cojín lo suficientemente firme para sostener una postura erguida. También puedes sentarte en una silla. El punto principal es tener una postura relajada, pero recta, procurando que tu columna esté derecha. Si estás sentado en un cojín, cruza tus piernas de forma que te sientas cómodo, y si estás sentado en una silla, pon tus pies de manera uniforme y horizontal sobre el suelo. Puedes descansar tus manos en tu regazo o sobre tus muslos. Los ojos pueden estar entreabiertos con la mirada dirigida ligeramente hacia abajo a una distancia corta enfrente de ti. El punto más importante es tener una postura que sea tanto recta como relajada. La posición de tu cuerpo tiene un efecto muy directo y poderoso sobre tu mente. Una postura erguida le permite a tu mente descansar de manera natural en un estado de calma y paz; una postura encorvada te hará difícil relajar tu mente. Una vez que estás sentado cómodamente, la cuestión principal es estar presente. En otras palabras, tienes ambos pies (mentalmente hablando) dentro de tu estado de concentración, no un pie dentro y uno fuera. Tu práctica es en realidad más fácil y más relajante si le prestas toda tu atención.

Seguir la respiración

Hay muchos métodos para traer la mente a un estado de concentración. Voy a describir tres de los métodos más comunes, iniciando con la práctica de seguir la respiración. Para empezar, simplemente te sientas en una postura de meditación y observas tu respiración. No hay mucho más que hacer. Tu respiración debe ser natural, uniforme y relajada. No es necesario alterar tu manera normal de respirar. Entonces lleva tu atención a la respiración, enfocándote en el ir y venir de la respiración en la punta de la nariz y la boca. Hay una sensación de que en realidad estás sintiendo tu respiración, sintiendo su movimiento.

Cuando haces esta práctica, no solo observas tu respiración. A medida que te asientas en la práctica, de hecho te hace uno con la respiración. Sientes la respiración mientras exhalas y te vuelves uno con ella. De nuevo, la sientes cuando inhalas y te vuelves uno con esa respiración. Tú eres la respiración y la respiración es tú. Al final de la exhalación, deja que tu mente y la respiración se disuelvan en el espacio frente a ti. Permite un espacio; déjalo ir. Suelta la experiencia del todo y simplemente relájate en ese espacio. Entonces inhala naturalmente cuando tu cuerpo esté listo. No hay prisa para tomar la siguiente inhalación. Coloca tu mente en la respiración mientras inhalas, siéntela y relájate en ese espacio.

Si tu mente se distrae con los pensamientos, entonces mezcla tu mente con la respiración otra vez. Enfócate en un solo punto, especialmente en la exhalación. ¿Qué es lo que significa concentración en un solo punto? Imagina que estás caminando con un pequeño tazón de aceite caliente sobre tu cabeza, y alguien te dice: «¡Si derramas una gota de ese aceite, voy a cortarte la cabeza!». Por supuesto que te enfocarás en no derramar el aceite. Estarás completamente en el momento presente. Esa es la concentración en un solo punto. En cualquier caso, el ciclo simplemente se repite: exhalación, disolver, espacio e inhalación. Al continuar de este modo, empiezas a sentir la unidad natural de la respiración y la mente.

A medida que empiezas a relajarte, puedes apreciar tu respiración. Apreciar tu respiración quiere decir apreciar *el ahora*, el momento presente. La respiración solo ocurre en el presente. Exhala. Un momento se va. Inhala otra vez. Otro momento está aquí. Apreciar la respiración también incluye apreciar el mundo, tu existencia, tu ambiente completo y estar satisfecho con tu existencia. Incluye todo esto, pero hablando en términos básicos, significa apreciar el presente. Tú estás presente cuando estás apreciando el presente. No hay duda al respecto. Así que, cuando exhalas, simplemente enfócate; concéntrate en tu respiración. Cuando inhalas, solo relájate y siente la respiración, aprecia el presente. Eso es la meditación con la respiración en un sentido general. Aun cuando solo estás inhalando y exhalando, es una práctica extremadamente poderosa.

Contar la respiración

Cada vez que tu mente se vuelve poco clara u olvidadiza y el sentido del ahora se pierde, puedes traer más precisión a tu conciencia mediante una práctica sencilla llamada «contar la respiración». Para hacerlo, simplemente observas tu respiración y cuentas cada ciclo de inhalación y exhalación como una respiración. Puedes empezar contando tus ciclos de respiración del uno al diez. Si encuentras que tu mente ha divagado hacia un pensamiento a la cuenta de tres, por ejemplo, entonces vuelves a empezar en uno. Continúa así hasta que puedas contar del uno al diez sin distraerte. Si lo deseas, también puedes aumentar la cuenta, hasta cien, por ejemplo. Decidas lo que decidas, el objetivo es el mismo: estar completamente presente dondequiera que estés en tu cuenta. Contar de esta manera fortalece tu memoria y aumenta la precisión de tu atención plena. Esto contrarresta de forma natural la falta de memoria, porque atención plena significa «no olvidar».

Enfoque en el mundo exterior

También puedes practicar la meditación de morar en calma enfocándote en un objeto visual. En este caso, todo es igual que en la práctica de meditación sentado, salvo que tu atención deja de ser una experiencia puramente interna y corporal y se conecta con un objeto del mundo exterior. Puedes usar cualquier objeto que desees: una flor, un guijarro o tu control remoto. También puedes usar una imagen o una estatua del Buda. Sea lo que sea que elijas, es mejor que te enfoques en un solo punto a la vez; de otra manera, tu enfoque no será claro. Ese punto se convierte ahora en tu foco de atención primario y tu respiración se vuelve secundaria.

Al principio, puede parecer que no hay mucho propósito al observar tales objetos en la meditación, en especial observar «objetos sin significado» como una pluma o una piedra. Sin embargo, este entrenamiento es muy importante y práctico, porque cuando salimos de la sesión de meditación, nos encontramos en el mundo de los sentidos todo el tiempo, en medio de un campo de percepción siempre cambiante. Como este método trabaja directamente con los sentidos, nos ayuda a traer nuestra experiencia meditativa al mundo. Una vez que podemos trabajar con objetos visuales, podemos descansar la mente en sonidos, olores, sabores o sensaciones físicas. No obstante, al principio es más difícil trabajar con estos sentidos porque son menos sustanciales, así que comenzaremos trabajando con objetos visuales.

Este tipo de meditación puede practicarse con cualquier objeto en cualquier momento. Puedes practicarla cuando vas al trabajo en el autobús o en el metro. Mientras los otros pasajeros clavan la mirada en la basura del suelo u observan los grafitis de los muros para evitar el contacto visual con extraños, tú puedes hacer lo mismo con el objetivo de aumentar tu capacidad de darte cuenta y tu paz mental. El punto es que puedes traer un sentido de claridad y relajación a tu experiencia, sin importar dónde estés o qué estés haciendo.

Ampliar tu capacidad de darte cuenta de esta manera no solo afecta tu experiencia de un objeto, sino también tus interacciones con ese objeto. Normalmente, cuando ves algo, te vuelves consciente de su color y forma; respondes con gusto o disgusto, y lo asocias a través de la memoria con otros objetos, personas y momentos. Meditar sobre objetos externos trae una percepción más clara de estos pensamientos y emociones. Te entrena para estar presente en tu mundo interno y en tu mundo externo al mismo tiempo. Esto significa estar en presencia de una gama mucho mayor de experiencias en el momento presente. Cuando estás respirando, sucede en el ahora. Cuando ves un objeto, lo estás viendo en el ahora. Asimismo, los pensamientos y las emociones solo existen en el momento presente. La respiración de ayer no está aquí. La respiración de mañana no está aquí. El pensamiento de esta mañana no está aquí. El pensamiento de esta noche no está aquí. La imagen que estás observando en cualquier momento dado es la imagen del presente, de ahora mismo.

Practicar la meditación de esta forma empieza a dar lugar a una sincronización de mente y cuerpo. Tu experiencia de tus mundos mental y físico se vuelve más equilibrada. Esta sincronización da pie a un sentido de totalidad: no hay barrera entre la mente y el mundo, entre tu capacidad de darte cuenta y aquello de lo que te das cuenta. Esto trae un sentido de tranquilidad, estabilidad y de estar despierto a los estados agitados y confusos de la mente. Puedes llegar a este punto utilizando cualquiera de estos métodos. Puedes usar tu respiración, una pluma, la imagen del Buda, la foto de tu novia, la foto de tu novio, la foto de tu perro, la foto de tu gato. No importa, mientras que tu mente pueda descansar sobre ello.

Pensamientos

Durante tu práctica, tu mente parlanchina sin duda se activará, y tendrás toneladas de pensamientos. Algunos parecerán más importantes que otros y se convertirán en emociones. Otros estarán relacionados con sensaciones físicas (el dolor en tu rodilla, espalda o cuello). Y algunos te parecerán en extremo importantes, cosas que no pueden esperar. Has olvidado contestar un correo electrónico importantísimo, necesitas devolver una llamada u olvidaste el cumpleaños de tu madre. Estos tipos de pensamientos vendrán, pero en vez de saltar del cojín, todo lo que tienes que hacer cuando estás practicando meditación es reconocerlos. Cuando te inciten a la distracción, basta con que digas: «Tengo un pensamiento sobre haber olvidado el cumpleaños de mamá». Simplemente reconoces tu pensamiento y lo sueltas. Cuando meditamos sentados, tratamos todos los pensamientos de la misma forma. No les damos más peso a unos que a otros, porque cuando lo hacemos, aflojamos nuestra concentración lo suficiente como para que nuestra mente se escabulla.

Una vez compré una camisa en el aeropuerto porque había estado viajando durante mucho tiempo y necesitaba cambiarme. Encontré una de un tono azul oscuro muy bonito y me la puse sin verla con cuidado. Después, cuando estaba sentado en el avión, vi que tenía un pez, junto con una leyenda en la manga: «Atrapa y suelta». Me sentí muy bien; era como un mensaje del universo. De algún modo, llevaba puestas instrucciones para trabajar con la mente en meditación. Esa fue mi enseñanza en ese viaje, y tú puedes usar la frase en tu práctica: atrapa tus pensamientos y suéltalos. No necesitas golpearlos en la cabeza e intentar matarlos antes de soltarlos. Simplemente reconoce cada pensamiento y déjalo ir.

Los pensamientos merecen una mención especial, porque tendemos a olvidar que la práctica de meditación *es* la experiencia de los pensamientos. Podríamos pensar que la meditación debería estar por completo libre de pensamientos y totalmente en paz, pero eso es un malentendido. Eso es más como el resultado final del camino que el camino mismo, que es el proceso de relacionarnos con lo que sea que se nos aparezca. Esa es la parte de «práctica» de la práctica de meditación. Cuando aparece un pensamiento, lo vemos, reconocemos su presencia, lo soltamos y nos relajamos. Hacemos eso una y otra vez. Así que descansar la mente en la respiración o en un objeto siempre se alterna con distraernos de ello. La atención plena nos trae de regreso al presente y a un sentido de atención o concentración. Podemos fortalecer el poder de nuestra concentración con la práctica repetida, del mismo modo que fortalecemos los músculos de nuestro cuerpo flexionándolos cuando hacemos ejercicio. La respiración es lo que le da a nuestra mente la capacidad de flexionar nuestra atención y hacerla más fuerte. Por eso la respiración es tan importante en la meditación.

Recuerda, estamos trabajando con la mente y nuestra mente está conectada con muchas condiciones diferentes que nos afectan de maneras diversas e impredecibles. Así que no deberíamos esperar que nuestra meditación sea la misma todo el tiempo o que nuestro progreso siga determinado curso o secuencia de tiempo. De modo que no te desanimes por los altibajos en tu práctica. En lugar de verlos como signos de que tu práctica no tiene remedio, pueden ayudarte a ver la necesidad de hacer la práctica y por qué es tan útil.

Lleva tiempo desarrollar un estado intenso de concentración. A la larga, sin embargo, verás que tu mente se queda donde la pones. Meditar y desarrollar fortaleza mental no es solo una linda actividad espiritual. De hecho, es una gran ayuda y apoyo para todo lo que quieras aprender o lograr. A medida que tu mente se vuelve más calmada mediante la práctica de la meditación, experimentas más de lo que está sucediendo en cada momento. Empiezas a notar que tu vida –tu vida real– es bastante más interesante que solo tus pensamientos sobre ella.

Meditación analítica

Después de desarrollar cierta estabilidad de la mente en la meditación sentado, puedes empezar a añadir sesiones de meditación analítica a tu práctica. La meditación analítica es una práctica contemplativa. Piensas intencionalmente sobre algo que sea significativo para ti, y al mismo tiempo, examinas la manera en que normalmente piensas sobre ello. Específicamente, observas una creencia en particular que tengas y examinas la lógica que la sustenta para ver si tu razonamiento es atinado. Cuando haces esto, estás usando el pensamiento como una herramienta para investigar tus creencias, y cuanto más trabajes con esta herramienta, tanto más afilada se torna. En esta forma, tu mente, por lo común imprecisa y confusa, eventualmente desarrolla un extraordinario grado de claridad y destreza. Mucha gente disfruta con este tipo de práctica, porque en cierta forma es como un juego. Estás superando la estrategia del ego, que confía en tu creencia continuada en su existencia para mantenerte aferrado a él. La meditación analítica es una práctica que se asocia con el tercer entrenamiento en conocimiento superior debido a su poder para provocar introspecciones profundas. Tales introspecciones te llevan más allá del análisis o el mero entendimiento conceptual hasta una percepción directa de la verdadera naturaleza de la mente.

En cierto sentido, la meditación analítica es similar a una conversación que tienes contigo mismo. Inicias la conversación eligiendo un tema que te interese y luego te planteas una pregunta acerca de ello. Es importante comenzar con una pregunta real, una que te importe. Determinar si son los Beatles o los Rolling Stones la mejor banda de todos los tiempos no cuenta. Resolver esa cuestión podría ser interesante, pero no necesariamente te ayudará a poner fin a tu sufrimiento de ninguna manera. Sin embargo, una pregunta como «¿Hay un yo verdaderamente existente?» sí cuenta, y la respuesta que descubras por ti mismo puede marcar una gran diferencia en tu vida.

En última instancia, a partir de esta conversación tratamos de encontrar aquello a lo que nos estamos aferrando como un yo. Al mismo tiempo, examinamos nuestros propios conceptos y razonamientos.

Por ejemplo, ¿por qué asumimos que el «yo» existe? Si existe, entonces, ¿dónde está y de qué está hecho? Damos por sentado que somos seres racionales y lógicos; sin embargo, en la meditación analítica, descubrimos enormes lagunas e imperfecciones en nuestra lógica a través de las cuales se caerán muchas de nuestras suposiciones.

La guía más importante es ser honesto contigo mismo. ¿Qué piensas realmente, qué sientes de veras, qué es lo que en verdad observas? Si puedes permanecer simple y veraz, lograrás algunos descubrimientos inesperados. Como en la popular serie de televisión *CSI*, solo sigues la evidencia. Las siguientes instrucciones de meditación son ejemplos de suposiciones comunes y maneras de analizarlas.

Instrucciones para la práctica

Para empezar una sesión de meditación analítica, toma tu asiento y relaja tu mente, del mismo modo que en la meditación sentado.

Después con gran atención trae a colación un pensamiento o una pregunta para analizar. Intenta mantenerte enfocado en la pregunta en cuestión. Si tu mente empieza a divagar de pensamiento en pensamiento sin llevarte a ningún lugar, detente y vuelve a seguir tu respiración durante un tiempo corto. Cuando tu mente se calme, retoma tu análisis como antes –no necesitas empezar desde cero–. Al final de la sesión, es bueno sentarse tranquilamente otra vez, sin análisis, durante varios minutos. Si practicas con la misma pregunta, con el paso del tiempo, empieza a permear tu ser. Sigue trabajando en el fondo de tu mente. La respuesta puede venir cuando te estés cepillando los dientes o en la ducha o en un ataque de ira al ver tu factura de teléfono.

La conversación: «Este soy yo»

Podrías empezar tu análisis trayendo a la mente algo que el Buda dijo; por ejemplo: «Aunque todos piensan que tienen un yo verdaderamente existente, ese yo es imaginario». Entonces, podrías pensar: «Aunque el Buda es una fuente confiable y respeto su sabiduría, aún siento como si tuviera un yo. No tiene sentido decir que no hay un yo; es contrario a mi experiencia. Aquí estoy. Este soy yo. Soy la misma persona que fui ayer, anteayer, el año pasado, hace veinte años, hace treinta años. En el futuro, me jubilaré y viajaré alrededor del mundo».

Si examinas esta afirmación, entonces podrías preguntarte: «Si soy el mismo yo como niño, como adulto y como jubilado a una edad avanzada, entonces, ¿qué es lo que permanece igual? ¿Es mi cuerpo el mismo? ¿Es mi mente la misma? Si digo que, aunque mi cuerpo no sea el mismo, mi mente es la misma mente, entonces,

¿mi yo niño sabía todo lo que sé ahora? ¿La memoria de mi yo niño es la misma que mi memoria ahora?».

Prosigues de esta manera. En la idea «yo soy la misma persona», hay dos suposiciones relacionadas que puedes explorar: semejanza y permanencia. ¿Es la permanencia un requisito para un yo? Cuando miras alrededor del planeta y todo el universo en el que vivimos, ¿ves algo en lo absoluto que sea permanente? Lógicamente, afirmar que algo sea permanente significa que siempre ha existido, nunca cesará de existir y nunca cambiará en ningún sentido. Si cambia, entonces ya no será lo mismo y, por lo tanto, no es permanente.

Entonces podrías pensar: «Sin embargo, cuando digo: "Este soy yo", sé a qué me refiero. Claramente hay un yo que es una cosa, que se refiere a mí, y no a otra cosa o a otra persona». Pero pregúntate si eso es cierto, entonces, ¿qué es esa cosa singular? ¿Es tu cuerpo, tu mente o algo más? Si dices que es solo tu cuerpo, en ese caso estás en problemas, porque entonces el yo no tendría mente; el órgano físico que es el cerebro estaría desprovisto de conciencia. Si dices que es solo tu mente, entonces el yo no está relacionado con el cuerpo. Pero es claro que no es algo completamente separado de estos dos. Así que podrías pensar que el yo debe ser el cuerpo y la mente juntos. Si dices eso, sin embargo, tienes que decidir si el cuerpo y la mente cuentan como una sola cosa o no. Si son una cosa, entonces deben ser lo mismo; de otro modo, son dos cosas. Así que pregúntate de qué maneras la mente y el cuerpo son realmente lo mismo. Cuando investigues, tal vez solo veas las diferencias. Uno es material y uno es inmaterial. Un cuerpo no piensa y una mente no come o camina alrededor del mundo. Puesto que el yo no puede ser solo cuerpo o mente por separado, tiene que ser ambos. Y en vista de que el cuerpo y la mente no son lo mismo, no pueden llamarse una sola cosa. Por lo tanto, el yo tiene que ser más que una sola cosa.

Puedes desarrollar una línea de pensamientos como esta y luego observarla para advertir si se sostiene. Desafía tu propio pensamiento. En este punto, puedes ir más allá en la búsqueda del yo, pues tanto el cuerpo como la mente tienen muchos componentes en sí mismos; ninguno de ellos es una cosa singular y unitaria. ¿Podrías tener tantos yos como hay partes en tu cuerpo y mente? ¿Qué sucedería si perdieras una de esas partes o dos de esas partes? Si pierdes un brazo y tu vista, por ejemplo, ¿este «yo» que parece ser tu identidad se convierte en un punto de referencia menor?

Luego, podrías pensar: «Está bien. Quizá esas no sean buenas razones. Pero aún siento que tengo un yo. Tengo mi propia existencia e integridad de ser. No soy el producto de los pensamientos o acciones de otra persona». De nuevo, pregúntate qué es eso dentro de este yo que es verdaderamente independiente de cualquier otra cosa. ¿En qué grado tu identidad ha sido influida por tu educación, familia, comunidad, salud o incluso por tu dieta? ¿Serías el mismo o diferente si hubieras crecido en una cultura distinta? ¿Qué parte de este yo, incluyendo sus procesos de pensamiento y valores, no es un producto de causas y condiciones? La idea de independencia implica que estás hecho por ti mismo; esto significa que llegaste como eres y que este yo tuyo no es de ningún modo un producto de tu ambiente. ¿Eso es lo que realmente piensas?

De esta forma, iniciamos un proceso de cuestionamiento y lo seguimos tan lejos como podamos. El punto es ver a qué nos aferramos y lo que esto implica. Cuanto más descubramos, menos lógicos pareceremos ser. El propósito de estos ejemplos es señalar nuestros malentendidos más comunes sobre el yo, los cuales no se sostienen frente a la razón. Aunque podrían no convencernos por completo de que el yo no existe, por lo menos nos muestran cuán vago es nuestro sentido del yo. Ni siquiera sabemos dónde está, mucho menos lo que es. Por ejemplo, cuando tienes un dolor de cabeza, dices: «Tengo dolor de cabeza». No dices: «El cuerpo tiene un dolor de cabeza». O si te cortas un dedo en la cocina, afirmas: «Me corté». En tales casos, estás pensando que tu cuerpo eres tú mismo. Sin embargo, cuando estás sufriendo mentalmente, dices: «Soy infeliz. Estoy deprimido». En este caso, te consideras a ti mismo como tu mente. Así que a veces nos obsesionamos con el cuerpo y nos aferramos a él y otras veces nos obsesionamos con la mente y nos aferramos a ella. En la vida diaria, alternamos de esta manera todo el tiempo. Como no vemos esto claramente, nos confundimos respecto a quienes somos.

Ya sea que estés practicando la meditación para calmar la mente o para examinar tus conceptos, cada sesión es una oportunidad maravillosa para llegar a conocer tu mente. No necesitas abordar la práctica como algo que «tienes» que hacer, eso le quita toda la diversión. La meditación es en realidad muy interesante. Casi nunca observamos nuestra mente, de modo que cuando lo hacemos, está repleta de hallazgos que nos provocan la curiosidad para descubrir más y llegar al fondo de esta cosa que llamamos «mi mente».

En la actualidad la gente suele sentir que tiene muy poco tiempo para practicar la meditación, pero incluso solo un poco de práctica cada día tiene un efecto positivo poderoso. Sentarse a meditar durante treinta minutos en un espacio tranquilo es muy útil, pero puedes hacerlo cuando y donde te sea posible. Puedes meditar mientras vas al trabajo en el metro, mientras tu compañía telefónica te deja esperando en la línea o mientras esperas a que hierva el agua. Sé práctico al respecto y solo haz lo que a ti te funcione.

Apéndice 2
Poemas selectos

¿QUIÉN ERES TÚ?

Eres tan creativa
y tus trucos son tan originales.
Mira tu magia,
tan engañosa, real e interminable.

Eres una gran contadora de cuentos,
tan dramática, colorida y emotiva.
Me encantan tus historias,
pero ¿te das cuenta de que las estás relatando una y otra vez?

Eres tan soñadora
y tan incansablemente apasionada.
Estás por tus personajes oníricos y el mundo,
pero ¿adviertes que solo estás soñando?

Eres tan familiar,
pero nadie sabe quién eres en verdad.
¿No hay quienes te llaman «pensamientos»?
¿Realmente estás ahí o simplemente eres mi ilusión?

¿No se enseña que eres la verdadera mente de sabiduría?
Qué hermoso mundo podría ser este
si solo pudiera yo ver a través de esta mente.

Bueno, en realidad no importa
¡porque yo no existo sin ti!
«¿Quién soy yo?» quizá sea la pregunta correcta.
Después de todo, ¡soy solo una de tus muchas manifestaciones!

Denny´s
7 de febrero de 2006

Verdadera magia

Pensamiento…
Eres el mejor actor que
Hollywood ha visto jamás.

Tus dramas…
tienen mayor audiencia que cualquier telenovela.
No puedo imaginar perderme alguno de tus episodios.

Tus efectos especiales…
exceden lo mejor de DreamWorks,
tan reales que pueden engañar aun a su creador.

¿Cómo puede este mundo existir sin tu creatividad?
El mundo estaría simplemente vacío en tu ausencia.

Ni Picasso, ni los espectáculos de Broadway.
Ni los amigos ni los enemigos.

¡Tu magia hace que el mundo sea real, excitante y vivo!

Straits Café
11 de noviembre de 2008

JARDÍN DE BAMBÚ

El corazón intenta hablar,
pero en la ausencia de palabras
la mente racionaliza el sentimiento
y encuentra solo etiquetas.
Gozo, pena y depresión.
Realidad delgada como el papel, pero pesada.
Así que descanso como una roca
en un jardín de bambú.
Veo el cielo y siento la tierra.
Respiro el aire aquí mismo.
Entonces veo,
adentro claro y brillante,
amor tan sereno.

Café Redstar
13 de noviembre de 2008

Notas

Capítulo 2

1. Del *Kalamasutra*, parte del Nikaya Sutras del Canon Pali, atribuidas al Buda. Kevin O'Neill, trad., *The American Buddhist Directory*, 2.ª ed. (Nueva York: American Buddhist Movement, 1985), pág. 7. [Existe traducción directa al castellano: *En palabras del Buddha*. Barcelona: Kairós, 2019.]

Capítulo 10

1. Maitreya, *Mahayanasutralamkara* (Ornament of Mahayana Sutras; Tib. *theg pa chenpo mdo sde rgyan*), verso iv. 7, con comentario de Vasubandhu. No publicado.

Capítulo 12

1. Hazelden Foundation. *The Twelve Steps of Alcoholics Anonymous: As Interpreted by the Hazelden Foundation*. (Center City, MN: Hazelden Foundation, 1993), pág. 115.

Capítulo 14

1. Patrul Rinpoche, *The Words of My Perfect Teacher* (Boston: Shambhala Publications, 1998), págs. 129-130. [Versión en castellano: *Palabras de mi maestro perfecto*. Barcelona: Kairós, 2014.]
2. *Ibid.*, pág. 127.
3. Un ejemplo destacado es el trabajo del maestro, erudito y traductor Atisha, quien fue una figura importante en el desarrollo del bu-

dismo, tanto en la India como en el Tíbet. Fue reconocido como un reformador que despejó la confusión y restauró la propiedad e integridad de la tradición cuando advirtió signos de debilidad o degeneración.

4. Citado en Unrai Wogihara, ed., *Yashomitra, Abhidharmakosha-vyakhya* (Tokio: Publishing Association of Abhidharmakosha-vyakhya, 1932-36), pág. 704.

Capítulo 15

1. Kshitigarbha, *Dashachakrakshitigarbhasutra* (The Ten Wheels Sutra; Tib. *sa'l snying po'l 'khor lo bcu pa zhes bya ba theg pa chen po'l mdo*). Véase también «The Social and Political Strata in Buddhist Thought», en *The Social Philosophy of Buddhism*, Samdhong Rinpoche y C. Mani, eds. (Benarés, India: The Central Institute of Higher Tibetan Studies, 1972), págs. 25-35.

editorial **K**airós

Puede recibir información sobre
nuestros libros y colecciones inscribiéndose en:

www.editorialkairos.com
www.editorialkairos.com/newsletter.html
www.letraskairos.com

Numancia, 117-121 • 08029 Barcelona • España
tel. +34 934 949 490 • info@editorialkairos.com